Ioana Stanciu

# Reologia de compotas de fruta

Ioana Stanciu

# Reologia de compotas de fruta

ScienciaScripts

**Imprint**



Cover image: www.ingimage.com

This book is a translation from the original published under ISBN 978-620-7-45600-0.

Publisher:
Sciencia Scripts
is a trademark of
Dodo Books Indian Ocean Ltd. and OmniScriptum S.R.L publishing group

120 High Road, East Finchley, London, N2 9ED, United Kingdom
Str. Armeneasca 28/1, office 1, Chisinau MD-2012, Republic of Moldova, Europe
Printed at: see last page
**ISBN: 978-620-7-74947-8**

Conteúdo

## Introdução

A reologia é a ciência da deformação e do fluxo da matéria ou, por outras palavras, o estudo da forma como os materiais respondem à tensão e ao esforço aplicados. A estrutura da matéria pode ser fisicamente caracterizada utilizando esta técnica.

Os presuntos de fruta são fabricados através da cozedura de fruta (pedaços, polpa e/ou sumo) com açúcares, agentes gelificantes (geralmente pectina) e ácidos comestíveis (geralmente orgânicos), concentrando-se a mistura até se obter uma consistência caraterística e adequada. Um gel é um intermediário entre um sólido e um líquido, processando tanto características elásticas (sólido) como de fluxo (líquido). Vários alimentos são comercializados sob a forma de gel, o que oferece comodidade aos consumidores, como, por exemplo, compotas, geleias, produtos de confeitaria e sobremesas.

O conhecimento das propriedades reológicas dos alimentos fluidos também é importante para a qualidade, para a compreensão da textura, para a aplicação da engenharia de processos, para a correlação com a avaliação sensorial, para a conceção do sistema de transporte, para a conceção do equipamento (permutador de calor e evaporador), para o dimensionamento da capacidade da bomba e para a necessidade de energia para a mistura, etc.

# I. Tecnologia de obtenção do doce de mirtilo

## 1.1.Aspectos gerais

O mirtilo (*Vaccinium mirtyllus*) cresce em estado selvagem no nosso país, nas zonas montanhosas, onde pode formar tapetes compactos. Na cultura, porém, foi introduzido o mirtilo de arbusto alto, originário da América do Norte.

Os mirtilos são ricos em açúcares, vitaminas, sais minerais, taninos, etc. São procurados para consumo em fresco e como matéria-prima para a indústria alimentar, para a preparação de sumos, xaropes, arandos, licores, compotas, geleias, etc.

As folhas e os rebentos contêm tianina, riboflavina, vaccinina, arbutina, ericolina, ácido quínico, mirístico, palmítico, etc.

Devido ao elevado e variado teor de substâncias, os frutos e as folhas têm uma série de utilizações medicinais no tratamento de doenças do estômago e dos intestinos, do sistema urinário, na diabetes, na melhoria e aumento da acuidade visual, etc. .

### 1.1.1. Origem e área de cultura

### 1.1.2. A origem das espécies

O mirtilo faz parte do género Vaccinium, da família Ericaceae. O género Vaccinium compreende cerca de 200 espécies, distribuídas geograficamente desde o Círculo Polar Ártico até aos trópicos.

O grande número de espécies deve-se aos cruzamentos naturais que ocorrem ao longo do tempo e que deram origem a numerosas formas intermédias, muitas das quais muito próximas, em termos de habitus e de biologia, das espécies parentais.

Estima-se que mais de 75 espécies se encontrem no Sudeste Asiático, 50 na América do Norte, 25 na América do Sul e Central e as restantes noutras partes do globo.

Na Europa, apenas foram identificadas 4 espécies: V. myrtillus L. (mirtilo preto), V. Uliginosum L. (mirtilo caçado), V. vitis idaea L. (mirtilo vermelho) e V. oexcoccus L., que crescem espontaneamente nas zonas montanhosas da Noruega, Suécia, Finlândia, Polónia, Roménia, Jugoslávia e Itália. São espécies pequenas, com flores e frutos pequenos, maioritariamente solitárias.

### 1.1.3. A cultura do mirtilo no mundo e no nosso país

O mirtilo highbush é nativo da América do Norte. Atualmente, encontra-se disseminado em muitos estados da América.

Na Europa, foi introduzido em 1925, primeiro na Holanda, depois na Alemanha, onde conheceu um desenvolvimento especial e, nas últimas décadas, também na

Áustria, Dinamarca, Inglaterra, Escócia, Suíça, Itália, Jugoslávia, Polónia e Roménia.

As primeiras plantações no nosso país foram estabelecidas em 1968, nos pomares da Estação de Investigação de Bilcesti, concelho de Arges. Atualmente, é cultivada em cerca de 100 ha, tanto na rede de estâncias do I.C.P.P. Maracineni-Pitesti, como nas explorações especializadas na cultura de arbustos de fruto Baiculesti e Bailesti, no condado de Arges, I.P.I.L.F. Fagaras, no condado de Sibiu, A.E.I.P. Todiresti, no condado de Suceava

O programa de desenvolvimento para o período 1981-1985 precede a plantação de 1000ha de mirtilos.

### 1.1.4. Requisitos para os factores ambientais

O mirtilo é uma espécie de clima frio e húmido que, embora tolere uma sombra parcial, dá os melhores resultados quando recebe luz solar direta.

Em termos de temperatura, tem exigências moderadas, sendo bem sucedida em zonas onde a média anual se situa entre 7,8 e 8,5 e, durante o período de repouso, suporta temperaturas até -25. No entanto, nos Invernos sem neve, podem ser causados danos a temperaturas de -10...-15 . A resistência à geada também é diferente consoante a variedade.

As necessidades de luz são mais elevadas durante a floração e a frutificação, após o que as necessidades diminuem gradualmente. No entanto, as parcelas com exposição solar são indicadas.

A humidade. As exigências de água são elevadas, no sentido em que é necessário assegurar constantemente este fator, sobretudo durante a estação de crescimento. Esta necessidade deve-se ao sistema radicular que se desenvolve na camada superficial, onde a intensidade da evaporação é maior.

As zonas onde os Invernos são ricos em neve são muito favoráveis à cultura do mirtilo, tanto em termos de proteção contra as geadas como de abastecimento de água no início da vegetação.

Os solos preferidos para o mirtilo são ácidos (pH=4,8 - 5,5), estruturados, férteis, bem abastecidos de água e com bom arejamento.

Os mais favoráveis são os solos castanhos ácidos, com uma textura média, boa drenagem da água, sem fenómenos de glaciação até uma profundidade de 50 cm.

De importância decisiva é a reação do solo, que limita a cultura do mirtilo. Não são recomendados solos arenosos, mal fornecidos com matéria orgânica, solos situacionais em substrato alcalino, bem como solos argilosos sem estrutura e com má drenagem. Além disso, o teor de húmus deve ser de pelo menos 3,5-4, porque a massa principal das raízes desenvolve-se na camada superficial do solo, que é rica em matéria orgânica, e apenas uma pequena parte delas explora as camadas mais profundas.

### 1.1.5. Principais variedades cultivadas

*Bluecrop* - variedade vigorosa, de hábito ereto, muito produtiva, com maturação média. Os frutos são muito grandes, de cor azul clara, com cachos abertos, de forma esférica-achatada, resistentes a rachaduras, de sabor médio, e quando maduros se desprendem facilmente dos ramos. Resistente a doenças e à seca.

*Blueray* - variedade vigorosa, de hábito ereto, muito produtiva, com maturação semi-precoce. Os frutos são muito grandes, de cor azul clara, com polpa verde, aromáticos e resistentes ao rachamento. Boa capacidade de conservação.

*Bluetta* - variedade de vigor médio, produtiva e com maturação muito precoce. Os frutos são grandes, com aroma forte, de cor azul clara. Variedade muito resistente às geadas primaveris.

*Burlington* - variedade vigorosa, de hábito ereto e ramos voltados para o exterior, produtiva, de maturação semi-precoce. Os frutos são de tamanho médio, de cor azul, com polpa firme, ligeiramente aromática, resistente à fendilhação e com boa capacidade de conservação, de qualidades gustativas médias.

*Collins* - variedade vigorosa, erecta, produtiva, com maturação semi-precoce. Os frutos são grandes, dispostos em cachos abertos, de cor azul, com polpa firme, aromática, com boas propriedades gustativas, resistentes a rachaduras, doenças e geadas.

*Coville* - variedade vigorosa, com porte lateral, produtiva com maturação tardia. Os frutos muito grandes, dispostos em cachos abertos de cor azul, polpa firme, muito aromática, ácida, resistente ao rachamento, com boa capacidade de armazenamento e propriedades gustativas especiais. Apresenta, no entanto, uma fraca resistência às geadas, sobretudo nas zonas frias.

*Darrow* - variedade vigorosa, erecta, produtiva, com maturação tardia (fim de julho). Os frutos são grandes, espalhados em cachos, de cor azul clara, aromáticos, fracamente ácidos, resistentes à fissuração. Excelentes qualidades gustativas.

*Earliblue* - variedade vigorosa, de hábito ereto, ligeiramente lateral, com maturação precoce. Os frutos são grandes, azuis, dispostos em cachos ligeiramente abertos, com polpa firme, de acidez média, com boas qualidades gustativas.

*Ivanhoe* - variedade muito vigorosa, de hábito ereto, com ramos ligeiramente arqueados, muito produtiva e de maturação semi-precoce. Os frutos são grandes, dispostos em cachos médios abertos, de cor azul escura, com polpa firme e aromática, resistentes ao agarramento. Resistente a geadas e doenças.

*Marow* - variedade de vigor médio, com hábito semi-ereto, produtiva com maturação precoce. Os frutos são grandes, dispostos em cachos soltos, de cor azul clara, polpa firme, sem acidez, com boas propriedades gustativas.

*Rubel* - variedade vigorosa, de hábito ereto, com maturação semi-precoce. Os frutos são pequenos, de cor azul, dispostos em cachos muito abertos, fracamente aromáticos.

*Stanley* - cultivar vigorosa, de porte ereto, com copa esparsa, produtiva, de maturação média. Frutos de tamanho médio, dispostos em cachos de tamanho médio, com polpa firme e muito aromática, resistentes à fissuração.

*Weymouth* - variedade de vigor baixo a médio, com porte aberto, produtividade média, maturação muito precoce, num período curto. Frutos grandes, de cor azul brilhante, dispostos em cachos raros, polpa firme, fracamente aromática. Quando cozidos, os frutos desprendem-se facilmente
ramos. As qualidades gustativas são boas.

### 1.1.6. Colheita e utilização de mirtilos

### 1.1.7. Colheita de frutos

A maturação dos frutos ocorre por fases e prolonga-se por um período de 4 a 7 semanas, consoante a variedade, o clima geral da zona de cultivo e as condições do ano. As variedades de maturação precoce, que beneficiam de mais calor, têm um período de maturação comparativamente mais curto
com variedades de maturação média ou tardia.

A maturidade da colheita é considerada quando os frutos adquirem a cor específica da variedade (azul, azul brilhante, preto, etc.) e a pele se torna elástica quando pressionada.

O amadurecimento dos frutos em cachos efectua-se pela ordem da sua formação, ou seja, da base para o topo.

A colheita do mirtilo é feita manualmente, semi-mecanizada e mecanizada.

A colheita manual é efectuada por trabalhadores sazonais. Para evitar a deterioração da qualidade, é necessário efetuar a colheita apenas com tempo seco, evitando as horas de sol forte durante o dia. Os trabalhadores são instruídos para não limparem os frutos durante a colheita, o que constitui um indicador de qualidade. Um apanhador de nível médio, com uma produção abundante de fruta, pode colher 30-40 kg de fruta em 8 horas.

Para aumentar a produtividade da apanha manual, em zonas mais frias, onde o risco de perdas devido a abanões é pequeno, recomenda-se a colheita dos frutos em intervalos de uma semana, durante os quais um grande número de frutos amadurece em cachos.

A colheita é efectuada por variedades, em cestos de plástico com uma capacidade de 0,5 kg, colocados em fila, em caixas com uma capacidade de 3 ou 5 kg.

Durante a apanha, as embalagens de fruta são mantidas à sombra, em telheiros, protegidas da chuva e do sol.
A colheita manual é recomendada para os frutos destinados ao consumo em fresco. Até à utilização, os frutos são temporariamente armazenados em câmaras frigoríficas, a temperaturas de 10-12, onde podem ser conservados durante 4-5 dias sem deterioração qualitativa e quantitativa.
A colheita semi-mecanizada consiste em colher os mirtilos à mão e recolhê-los num bunker comum; também se pode bater nos arbustos com tubos curtos de borracha e recolher os frutos em cestos colocados debaixo do arbusto.
O vibrador mecânico é muito utilizado nos grandes países produtores de mirtilos. A fonte de energia é um moto-compressor puxado e empurrado pelo homem, que transmite movimentos vibratórios a 4 braços
com extremidades de borracha, que assentam nos ramos. Os frutos caem sobre uma folha de recolha com paredes
inclinação. Ao utilizar esta máquina, a produtividade da recolha aumenta 10 a 15 vezes.
A colheita mecanizada é efectuada com a ceifeira-debulhadora, uma máquina composta por duas asas laterais vibratórias accionadas hidraulicamente, um coletor feito de tecido e correias transportadoras que
Levo os mirtilos para caixas dispostas em camadas de um lado e do outro da ceifeira-debulhadora. A máquina funciona através do cruzamento de uma linha.
Apesar de todos os progressos registados, através da colheita mecanizada, continuam a registar-se perdas quantitativas e depreciação da qualidade, sendo a produção destinada, portanto, à industrialização.
Por estas razões, as duas primeiras colheitas devem ser efectuadas manualmente. Os frutos obtidos, sendo os maiores, serão utilizados frescos.

### 1.1.8. Utilização de frutos

Os mirtilos são muito procurados no mercado interno e na exportação. Cerca de 50-60% da produção mundial de mirtilos é utilizada em fresco, sendo a restante quantidade destinada à indústria para a preparação de xaropes, vinho tónico, licor, compota, etc.
Os mirtilos caracterizam-se por uma boa capacidade de conservação, ultrapassando deste ponto de vista os frutos de outros arbustos frutíferos (framboesa, groselha, amora, etc.). Esta capacidade está intimamente relacionada com a particularidade de os grãos sãos permanecerem intactos após a deiscência
dos cachos e para não perder facilmente o sumo durante a manipulação e o transporte.
A sua conservação em fresco para consumo ou industrialização pode ser feita

durante 4 semanas em câmaras frigoríficas, a temperaturas entre 0 - 2 A temperaturas de 4-5 podem ser conservados durante 7-8 dias, e a 20 - 22 apenas 2-3 dias.

Os frutos e legumes terapêuticos mais poderosos aparecem em agosto, como uma ajuda oferecida a todos os seres vivos da terra, para se protegerem contra a estação fria. E entre eles, os mirtilos ocupam um lugar de destaque. Com os seus frutos, que parecem contas negras e foscas, incorporam toda a energia solar captada nos planaltos das montanhas onde crescem. Uma porção de mirtilos vale tanto como 3-4 caixas de vitaminas com a especificação de que as vitaminas A, E, F, PP, B contidas nos mirtilos são muito mais fáceis de assimilar, porque estão numa fórmula natural. Quanto às acções terapêuticas, a sua lista impressiona tanto pela sua dimensão como pelo efeito invulgar destes alimentos medicinais, que são os mirtilos. O mirtilo fresco, assim como o seco, ajuda a regenerar os vasos sanguíneos, a normalizar o açúcar no sangue e a regenerar a retina roxa, aumenta a sensibilidade dos fotorreceptores no olho, neutraliza as infecções no intestino, dilata ligeiramente os vasos coronários, protege o organismo contra a radioatividade. A mirtilina, uma substância contida nos frutos e nas folhas, penetra na célula bacteriana e enfraquece a sua vitalidade, e administrada internamente reduz o açúcar no sangue. Os pigmentos que dão a tonalidade azulada ao fruto protegem o organismo contra a radioatividade e regulam certos processos imunitários.

### 1.1.9. Aplicações do mirtilo na medicina

Alzheimer - um estudo efectuado em 1999, por um grupo de investigadores americanos da Universidade de Boston, Estados Unidos, sob a direção do Dr. J.A. Joseph, mostrou que a administração de mirtilos ajuda a prevenir o envelhecimento do sistema nervoso e ajuda também a preservar algumas funções cognitivas e motoras. Um regime nutricional de várias semanas em que 4-3% da porção alimentar diária era constituída por mirtilos levou mesmo a um aumento da capacidade de aprendizagem, à melhoria da memória e da coordenação motora. Estes efeitos devem-se à ação antioxidante dos princípios activos dos mirtilos, que previnem os processos degenerativos do sistema nervoso central.

- Demência vascular - vários estudos efectuados na China, em 2005-2006, mostraram que a administração sistemática de mirtilos ajuda a manter a saúde dos vasos sanguíneos no cérebro, prevenindo perturbações cognitivas. Para obter estes efeitos, as curas são realizadas durante 1-3 meses por ano, durante os quais são consumidos 200 g de mirtilos frescos ou 25 g de mirtilos secos por dia.
- Degenerescência macular - o elevado teor de pigmentos e vitaminas, especialmente vitamina C, nos mirtilos recomenda-os como um excelente meio

de prevenção desta condição degenerativa. Um estudo publicado na revista americana "Archives of Ophthalmology" mostra que as pessoas que consomem bagas de mirtilo pelo menos 5 vezes por semana têm um risco 36% menor de sofrer de degeneração macular do que as pessoas que consomem muito raramente ou não consomem de todo estes frutos.

- Doença cancerígena - uma substância contida nos mirtilos, chamada ácido elágico, tem um forte efeito antioxidante, impedindo a ocorrência de mutações e malignidade das células no corpo humano. As curas de mirtilos são realizadas durante o verão, durante o qual são consumidos 300 gramas de fruta fresca por dia, durante pelo menos três semanas.
- Cancro gástrico e intestinal - o mesmo ácido, juntamente com os pigmentos de antocianina e a pectina do mirtilo, são um excelente protetor do aparelho digestivo contra condições tumorais malignas, tendo todas estas substâncias efeitos antimutagénicos e antitumorais. Durante a estação, recomenda-se uma cura com mirtilos frescos, 200-300 gramas por dia. Caso contrário, a maceração é consumida fria, 2-3 copos por dia.
- Artrite reumatoide - os mirtilos são extraordinariamente ricos em vitamina C, uma vitamina considerada um dos mais poderosos agentes de prevenção das doenças reumáticas.
- Fadiga ocular, diminuição da acuidade visual - o pó de mirtilo é consumido, 15-20 gramas por dia, em cursos de pelo menos 6 semanas. Os mesmos pigmentos dos mirtilos que melhoram a memória também ajudam a manter a acuidade visual, protegendo os olhos de uma série de outras doenças, como as cataratas ou o glaucoma. Por último, mas não menos importante, a administração de mirtilos aumenta a acuidade da visão nocturna, uma ação terapêutica verificada por estudos realizados em pilotos militares na Grã-Bretanha.
- Aumento do colesterol e dos triglicéridos - meio quilo de mirtilos consumidos diariamente fornece mais de 50% das necessidades de fibra alimentar de que o corpo humano necessita e que ajuda a reduzir o nível de colesterol e triglicéridos no sangue. Nas pessoas que consomem mirtilos em doses suficientes durante várias semanas, verifica-se uma diminuição do nível de colesterol total e de colesterol negativo, em média, superior a 10%.
- Adjuvante contra as varizes e a fragilidade capilar - as substâncias antioxidantes dos mirtilos impedem a formação de varizes e hemorróidas, melhoram a circulação venosa e ajudam a curar rapidamente as equimoses causadas pela fragilidade capilar. As curas são mantidas durante pelo menos 4 semanas, durante as quais a maceração fria de mirtilos é consumida, 3-4 copos por dia, consumidos pelo menos 15 minutos antes das refeições. Este tratamento

é também um bom adjuvante no caso de úlceras varicosas.

## 1.2.Compota de mirtilo

### 1.2.1. Características e princípios tecnológicos

Os doces são frutos ou partes morfológicas de plantas, embebidos num xarope de açúcar, utilizando para o efeito, em regra, meios térmicos.

Em princípio, não há limitação das espécies ou das partes morfológicas utilizadas da planta, em casos especiais utilizando-as, como por exemplo:

- A casca (epicarpo), para compota de laranja, limão, etc.
- O mesocarpo, para a doçura da melancia, as sementes, etc.
- O endocarpo, para a doçura das ameixas, pêssegos, laranjas, etc.
- Pétalas da inflorescência, doçura da rosa, etc.

As matérias-primas, as mais apreciadas para as compotas, são aquelas cujo sabor, cor mas sobretudo o aroma, são pregnantes: morangos, cerejas, framboesas, mirtilos, etc.

A tecnologia dos doces, sendo composta por várias fases, muito diferenciadas, muitas vezes difíceis de realizar, exige uma boa formação profissional. Para obter um produto, com resultados óptimos, do ponto de vista qualitativo - tendo também em conta a vertente económica da operação - na transformação das compotas, é necessário estabelecer um equilíbrio de matérias-primas e materiais. Assim, se nos propusermos, por exemplo, obter 100 kg de doçura a 68°ref., com uma adição de açúcar limitada a 65%, os frutos devem intervir, na receita, com uma contribuição mínima de 3 kg de substância solúvel. A quantidade de fruta, neste caso, pode ser calculada de acordo com a fórmula:

$$F = \frac{\mathrm{Ax100}}{\mathrm{Ef}} \qquad (1.1)$$

Onde:

F é a quantidade de frutos (kg);

A - ingestão da substância solúvel do fruto;

Ef - substância solúvel do fruto, determinada em °ref.

Numericamente, se, por exemplo, trabalharmos com morangos (F = 5° ref.) e ameixas (F = 16° ref.), as quantidades de fruta - de acordo com a fórmula - são

$$F = \frac{3x100}{5} = \frac{300}{5} = 60\mathrm{kg\ strawberries} \qquad (1.2)$$

$$F = \frac{3x100}{16} = \frac{300}{16} = 18.75\mathrm{kg\ plums} \qquad (1.3)$$

morangos

ameixas

Como se pode verificar, o consumo de fruta é muito diferenciado. No caso do morango, o consumo de matéria-prima é muito elevado, o produto torna-se denso e com tendência a gelificar. Quanto ao doce de ameixa, este não atingirá a relação fruta/xarope.

Embora correcta do ponto de vista do equilíbrio das substâncias solúveis, a fórmula tem apenas um papel indicativo e não pode ser aplicada na prática.

Na confeção de uma receita, devemos intervir elasticamente na utilização das proporções de açúcar e de fruta, pelo que podemos considerar duas linhas de orientação.

- Preparação de uma receita que preveja a introdução de quantidades fixas de frutos e de açúcar, sem ultrapassar os limites dos consumos específicos, o que permite obter quantidades variáveis de doçura.
- Preparação de uma receita, tendo também em conta os consumos específicos mas para obtermos sempre a mesma quantidade de produto, ou seja, quantidades invariáveis.

Para calcular a quantidade de produto acabado, podemos utilizar a fórmula:

$$P = \frac{(F+Ef)+(100xZ)}{Ep} \quad (1.4)$$

Onde:

P é a quantidade de produto acabado;

F - quantidade de frutos;

Ef - a substância solúvel do fruto, em graus refractométricos;

Ep - a substância solúvel no produto acabado, em graus refractométricos;

Z - quantidade de açúcar

Alternativa $F = \frac{(pxEp)-(Zx100)}{Ef}$; se folose^te la calculul necesarului de fruct;

Alternativa Z $Z = \frac{(pxEp)-(FxEf)}{100}$ é utilizada para calcular o açúcar necessário para a receita.

As fórmulas dão resultados exactos. Na prática, porém, observa-se que resultam sempre quantidades menores, sob a forma de perdas de 0,3 - 1,5%. As perdas são inerentes, estas, devidas principalmente: à película de xarope que fica nas máquinas, aos erros de leitura refractométrica, ao excesso de substância solúvel que deve ser assegurado para que o produto não fique abaixo dos limites das normas, etc.

Através das variantes das fórmulas mencionadas, não obtemos esclarecimentos sobre o cálculo do número necessário e ótimo de frutos, para garantir o rácio mínimo de frutos. Para a prática da produção, este aspeto é de particular importância, sendo os critérios de avaliação muito diversos. O resultado decisivo a este respeito é a forma como se processa a operação de demolhar os frutos com calda de açúcar. Surgem então os problemas:

- Se e em que medida o fruto reduz o seu volume;
- Como e em que medida aumenta o seu peso específico?

A impregnação ou impregnação da matéria-prima com açúcar é essencialmente um fenómeno complexo de difusão e osmose.

Deste ponto de vista, surgiram numerosos procedimentos de trabalho, dos quais seleccionamos alguns:

- A concentração continua diretamente com o açúcar. Neste caso, os frutos são introduzidos no dispositivo de concentração, sobre o qual se adiciona o açúcar, sendo o produto concentrado continuamente até à fase final. Pode ser aplicado com sucesso em frutos que não estejam em risco de se desfazerem;
- Concentração contínua na calda. O método consiste em colocar os frutos numa calda de açúcar, 45-75 ref., e fervê-los até ao ponto final. Aplica-se à maioria das variedades de frutos com polpa firme, em forma de cubos, noodles e aos de pequenas dimensões, como as bagas;
- Concentração contínua com difusão prévia em açúcar. Este método consiste em misturar os frutos com açúcar, ou em camadas alternadas - sendo a última sempre o açúcar - após um período de 4-24 horas, passando à operação de concentração. É um procedimento muito difundido, na prática de produção com bons resultados para a maioria das espécies de frutos;
- Concentração contínua com difusão prévia em calda de açúcar. É um método, com resultados, muito superiores ao da difusão direta em açúcar, que permite gerir a forma dos frutos de polpa mole, evitando ao mesmo tempo os casos de murchamento dos frutos de polpa firme.
- As dificuldades criadas pela manipulação e dosagem do xarope são plenamente recompensadas pelos atributos de qualidade que se obtêm no produto acabado,
- A concentração continua com a difusão em calda de açúcar, com frutos, previamente levados à temperatura de ebulição. O processo consiste em fazer uma calda de cerca de 70r8 ef. na qual se introduzem os frutos, sendo o conteúdo levado à temperatura de ebulição. A carga é esvaziada em tabuleiros ou bacias onde se efectua a homogeneização, que, dependendo da espécie, deve durar de 1 a 12 horas. O produto é levado à temperatura de ebulição - as células do fruto são assim desvitalizadas - o que permite a aceleração do processo de difusão, que é muito mais difícil de conseguir em frutos com células pequenas;
- Concentração descontínua diretamente com açúcar ou xarope de açúcar. O processo consiste em ferver os frutos, com 2-3 pausas, de alguns minutos cada, até à concentração final. Este método dá bons resultados, mas apresenta a desvantagem de imobilizar o equipamento de trabalho durante mais tempo;
- O processo de concentração separada do xarope resultante da difusão por

osmose. O método dá resultados muito bons, mas requer instalações de trabalho especiais, caso contrário é necessário um grande consumo de mão de obra;

- Método de variabilidade da pressão. O processo consiste em impregnar os frutos com calda de açúcar, trabalhando alternadamente sob vácuo e pressão normal ou pressão normal e sobrepressão, o que facilita o fenómeno de difusãoosmose, com bons resultados para a qualidade do produto acabado. É um procedimento menos acessível às condições gerais de trabalho, porque bloqueia o equipamento de trabalho - vácuo ou autoclave - durante muito tempo.

**Estudo bibliográfico**

Em fevereiro de 2012, Urska Vrkovsek e colaboradores caracterizaram o perfil flavonoide de algumas variedades de mirtilo colhidas em diferentes épocas de crescimento no artigo intitulado Identificação e quantificação de flavonol glicosídeos em cultivares de mirtilo cultivadas. A análise experimental foi efectuada utilizando cromatografia líquida de fase reversa acoplada a espetrometria de massa (LC\/MS) para separar os flavonóides. A identificação da cultivar de amora-preta com base no perfil de flavonóides foi também confirmada por espetrometria de massa de alta resolução e alta precisão. Foram registadas diferenças relativamente grandes entre as variedades de mirtilo. O teor de flavonóides glicosídicos totais varia entre 137 mg/kg no caso da variedade doce e 272 mg/kg no caso da variedade Simultan. A quercetina foi predominante em todas as variedades

(59,4% e 8,7%), enquanto a composição em flavonóides depende da variedade (variando entre 16,3% e 1,6%). Os hidratos de carbono conjugados mais importantes avaliados nos extractos de mirtilo foram representados por galactósidos (entre 35,8% e 72,1%) e glucósidos (entre 12,1% e 27,1%).

O estudo mostrou que a percentagem de glicosídeos no açúcar depende da variedade. A conclusão geral resultante do presente estudo é que os mirtilos cultivados são uma das fontes mais importantes de glicosídeos e flavonóides nos alimentos. Podem fornecer uma média de 196 mg/kg de uma mistura complexa de até 23 glicosídeos flavonóis diferentes.

Em 2006, os autores Alejandro David Rodarte Castrejon e os seus colaboradores estudaram o perfil fenólico e a composição química, respetivamente a atividade antioxidante dos mirtilos pretos no artigo intitulado Phenolic profile and antioxidant activity of highbush blueberry (Vaccinium corymbosum L.) during fruit maturation and ripening. Estudos relativos à avaliação do teor

O estudo de caso sobre o teor de polifenóis e a capacidade antioxidante dos mirtilos maduros é relativamente escasso. No presente estudo, foi avaliado o teor total de compostos fenólicos de quatro variedades de frutos de mirtilo (Vaccinium corymbosum L.) que foram colhidos em cinco estádios de

maturação.
A atividade antioxidante foi analisada por espetrometria de ressonância eletrónica na presença de trolox (TEAC). A pegada dos compostos fenólicos desenvolvidos durante o processo de cozedura foi determinada pelo método HPLC-DAD. As antocianinas de todas as variedades desenvolveram-se em fases sucessivas de colheita; além disso, os compostos flavonóides e o ácido hidroxicinâmico foram encontrados em menor quantidade nos frutos verdes e não maduros do que nos frutos maduros (cor azul). A atividade antioxidante dos mirtilos, bem como o teor de fenólicos totais, tendeu a diminuir durante a maturação.
Em 2005, os autores R. Fugel e os colaboradores estudaram no trabalho intitulado Quality and authenticity control of fruit purees, fruit preparations and jams-a review o problema da deterioração dos alimentos em geral e dos frutos em particular. Os fabricantes de produtos alimentares à base de fruta, tais como sumos, compotas, geleias, purés e preparados de fruta, são tentados a misturar matéria-prima cara com matéria-prima barata. Ambos os tipos de alteração são difíceis de detetar e conduzem a uma deterioração da qualidade dos produtos. Para proteção dos consumidores e para evitar a concorrência desleal, é essencial garantir tanto a autenticidade como a conformidade com as especificações dos produtos. Embora as abordagens para a deteção de aditivos fraudulentos em sumos de fruta tenham sido amplamente analisadas, o objetivo deste estudo é fornecer uma visão geral das abordagens sugeridas até à data para efeitos de deteção e quantificação da contrafação dos produtos de fruta acima referidos.

## I.3. Tecnologia de obtenção de doce de amora preta

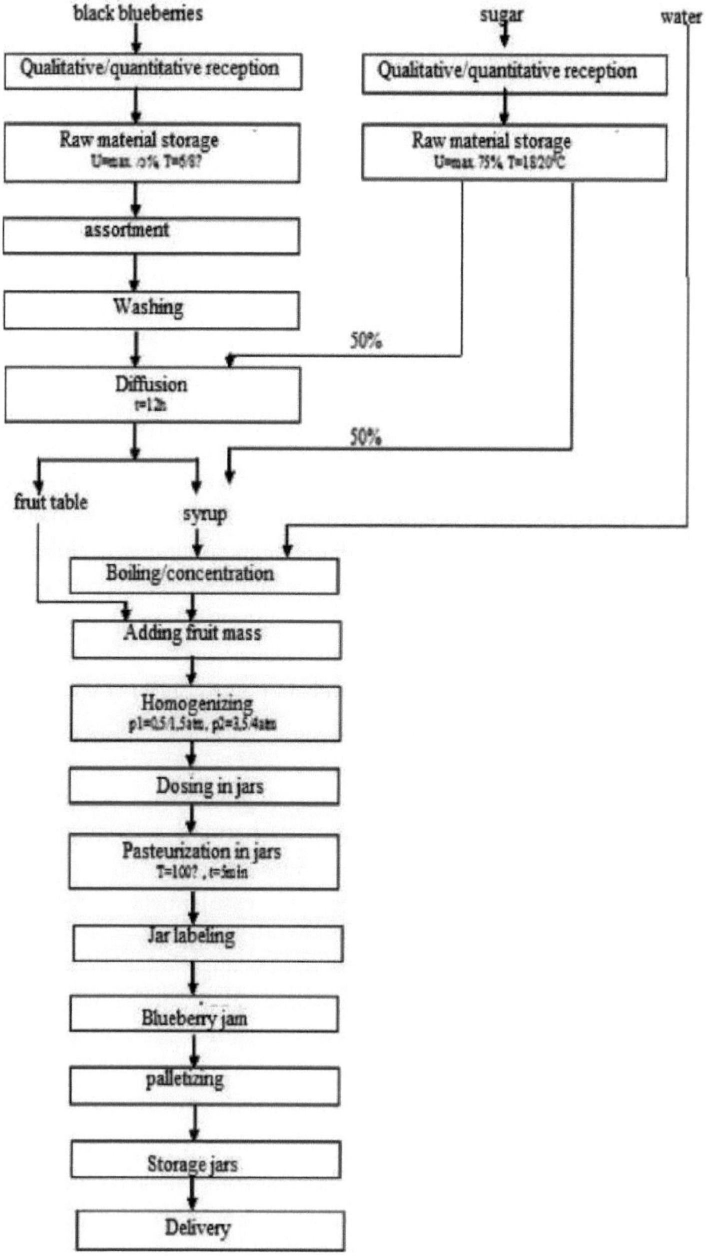

black bluebernies

sugar

water

Qualitative/quantitative reception

Qualitative/quantitative reception

Raw material storage
U=max ?0% T=6/8?

Raw material storage
U=max 75% T=1820°C

assortment

Washing

50%

Diffusion
τ=12h

50%

fruit table

syrup

Boiling/concentration

Adding fruit mass

Homogenizing
p1=0.5/1.5atm, p2=3.5/4atm

Dosing in jars

Pasteurization in jars
T=100?, t=5min

Jar labeling

Blueberry jam

palletizing

Storage jars

Delivery

**Fig 1.1. Esquema tecnológico de obtenção do doce de mirtilo**

### I.3.1. Processo tecnológico do doce de amora

#### I.3.1.1. Obtenção do produto acabado

Os processos de trabalho mencionados - como já demonstrei - têm, em última análise, o mesmo objetivo, ou seja, combinar os frutos com a maior quantidade possível de xarope e preservar a sua forma, com base nos efeitos da difusão-osmose. A utilização de energia térmica no processo de fabrico apenas contribui para a aceleração do fenómeno de difusão-osmose. Para melhor compreender estes fenómenos, de importância capital na transformação de doces, compotas, confits, vamos abordar esta questão em pormenor.

O tecido frutífero, como se sabe, é formado, nomeadamente, por células de parênquima, de forma arredondada ou poliédrica. As suas dimensões variam, em média, entre os limites de 10-50 microns. Na proximidade das paredes celulares existe um revestimento elástico (membrana celular) que inclui uma substância complexa denominada protoplano. Aqui identificamos o núcleo e inclusões que incluem plastídeos, grânulos de amido, sais minerais, etc. O envelope celular é geralmente composto por celulose, hemicelulose e protopectinas. Estas substâncias são insolúveis em água e conferem alguma rigidez à célula.

Em alguns casos, estas células contêm substâncias cerosas, por exemplo, na casca da maçã, na pele da ameixa, etc. O protoplasma, que aparece como uma massa gelatinosa e transparente, ocupa todo o espaço no caso das células jovens. À medida que os frutos amadurecem, aparecem no protoplasma vacúolos cheios de suco celular, ou seja, soluções aquosas, com várias substâncias orgânicas que acabam por dar o seu valor nutritivo.

Na célula viva, a camada de protoplasma junto à membrana é semipermeável, o que se traduz, na prática, pela caraterística de permitir a circulação da água, resistindo à passagem de substâncias dissolvidas na água. A célula viva resiste, portanto, à equalização de concentrações, caso essa situação ocorra devido a alguma causa externa.

Consequentemente, as células vegetais introduzidas num meio com uma concentração inferior à dos componentes celulares permitirão a sua passagem, levando a um aumento de volume, um fenómeno conhecido como turgor. A pressão exercida sobre as paredes celulares pode ultrapassar a sua resistência e a célula fende-se, provocando inevitavelmente a sua destruição.

Na prática, este fenómeno não diz respeito ao fabrico de produtos em que o açúcar é utilizado. No entanto, é o oposto do fenómeno de perda de água, que se chama plasmólise, cujo efeito é da maior importância para este tipo de produtos.

No caso, portanto, em que a matéria-prima, os seus tecidos, formados por células, se encontra num meio com uma concentração superior ao conteúdo celular, a célula cede uma grande parte da água. O protoplasma contrai-se, o espaço entre as paredes celulares e a membrana protoplasmática enche-se de solução de açúcar.

No entanto, o tecido vegetal está repleto de espaços intercelulares que formam verdadeiros canais, nos quais, em primeiro lugar, se encontra uma grande quantidade de gases resultantes da atividade respiratória.

Estes espaços intercelulares são também ocupados pela solução de açúcar, especialmente se os gases tiverem sido removidos por processos térmicos. Consequentemente, no caso de uma célula viva, já referido, a membrana protoplasmática permite apenas a passagem de água e, como tal, teremos um caso típico do fenómeno de osmose. A passagem do açúcar, sob a forma de solução, para os espaços intercelulares dos tecidos surge como um fenómeno semelhante à difusão. A penetração do açúcar, sob a forma de solução, através das paredes celulares para o espaço entre estas paredes e a membrana protoplasmática assemelha-se ao fenómeno de diálise.

Assim, no caso do grupo dos frutos conservados com a ajuda do açúcar, encontramos fenómenos comuns: a osmose, a diálise e a difusão. No entanto, estes fenómenos são regidos por uma série de leis físico-químicas bem estudadas, que utilizaremos nos casos presentes.

Assim, a difusão é o fenómeno caracterizado pela interpenetração de gases ou líquidos que entram em contacto, desde que tenham uma diferença de concentração. Através do contacto de duas soluções - com concentrações diferentes - em que uma tem uma substância dissolvida, por exemplo "a solução de açúcar" e na outra a divolvente pura "água", sem mistura ou agitação, igualam a sua concentração em toda a massa. No entanto, a interpenetração não é acidental, mas sempre as moléculas pesadas, no nosso caso a solução de açúcar, são as que se movem, mesmo vencendo a ação gravitacional. Este fenómeno encontra a sua explicação na teoria cinética da formação das soluções. Como é sabido, as moléculas dos líquidos nelas dissolvidos estão em movimento contínuo. Colidem continuamente umas com as outras, mudando constantemente de direção. Este movimento das moléculas torna-se cada vez mais lento à medida que a concentração se iguala. O fenómeno de difusão depende, portanto, da energia cinética das moléculas. Quanto mais elevada for esta energia, mais intenso é o fenómeno de difusão. Ao aumentar a temperatura, a energia cinética aumenta, a velocidade das moléculas aumenta e, com ela, a velocidade de difusão. Quanto mais leves forem as moléculas, maior será a sua velocidade, sendo a velocidade de difusão inversamente proporcional ao quadrado do peso molecular. As substâncias com moléculas grandes têm dificuldade em difundir-se.

A força que actua no processo de difusão é a diferença de concentração das duas soluções e, neste caso, a quantidade de substância que se desloca numa direção e na outra será maior. O processo de difusão é tanto mais rápido quanto mais finas forem as camadas de líquido, sendo as distâncias que as moléculas têm de percorrer mais curtas. As quantidades de substâncias difundidas estão diretamente relacionadas com a duração do fenómeno. Quanto mais longa for a difusão, mais substâncias passam de uma direção para a outra.

Se surgir uma membrana permeável entre as soluções, o fenómeno é designado por diálise. A membrana dificulta o fenómeno de difusão. Algumas membranas vegetais tornam-se selectivas, ou seja, não permitem a passagem de substâncias com moléculas muito grandes. Se entre o solvente e a solução se interpuser uma membrana semipermeável, através da qual apenas passam as moléculas do solvente, ou seja, apenas num sentido, o fenómeno é designado por osmose. No caso da osmose, o solvente puro, neste caso a água, passa para a solução reduzindo a sua concentração.

Convém recordar que, durante a difusão, são as moléculas da solução que se deslocam e, durante a osmose, são as moléculas do solvente, o que diferencia fundamentalmente o fenómeno da osmose do da difusão.

Assimilando os fenómenos relacionados com os processos tecnológicos, podem ser feitas algumas observações sobre a sua aplicação na prática da produção.

Neste caso, podemos constatar que a produção de xaropes e geleias se baseia no fenómeno da difusão, da livre interpenetração do açúcar no solvente, o sumo de fruta.

Se as paredes celulares tiverem sido danificadas por qualquer tratamento químico ou físico anterior, a penetração da solução de açúcar nos espaços celulares baseia-se no fenómeno de difusão.

Na célula viva, uma vez que a membrana protoplasmática apenas permite a passagem de água, estamos perante um fenómeno de osmose estrita. Se, através de um fenómeno químico ou físico, conseguirmos desvitalizar as células, a membrana protoplasmática, semipermeável, torna-se permeável e permite a penetração do açúcar nestas condições e, então, trata-se novamente apenas de um fenómeno de diálise.

Em condições de expressão mais exigentes, na impregnação com açúcar (caso das compotas, doces, confits), não basta referir apenas o fenómeno de difusão. Do mesmo modo, a operação de concentração de frutos com açúcar por fervura não é um fenómeno de osmose. Na linguagem técnica, no entanto, por razões de rapidez de expressão, tais "derrogações" são permitidas, pela palavra difusão, significando amplamente as trocas ou a ação de passagem, interpenetração das soluções da composição dos frutos e adições sob forma de açúcar, ácido, pectina, etc. Apresentamos uma delas, para evidenciar os factores que influenciam os resultados:

$$Sd = \frac{KxSxZx(C-c)}{x} \quad (1.5)$$

Onde:

Sd é a quantidade de substâncias difundidas em g;

C - concentração da solução (dissolvida), %

c - concentração do solvente, %.

S - a superfície através da qual ocorre o processo de difusão, em ;

x - a espessura da camada através da qual se efectua a difusão, em cm;

Z - duração da difusão, em segundos;

K - o coeficiente de difusão que reproduz a quantidade de substâncias, em g, que passa num segundo, através de uma superfície de 1 $cm^2$ , com uma espessura de camada de 1 c e a diferença de concentração.

Este coeficiente resulta da relação:

$$K = \frac{RT}{N} x \frac{1}{6\eta r} \quad (1.6)$$

Onde:

R é a constante dos gases

T - temperatura absoluta (graus Kelvin)

N - Número de Avogadro ($6,06x10^{23}$ )

$\eta$ – viscosidade (kg /s/ cm $)^2$

r - o raio das partículas difundidas (em cm).

Assim, a quantidade de substância difundida aumenta com o aumento da temperatura e a diminuição da viscosidade, e a velocidade do processo aumenta à medida que o raio das partículas difundidas é menor.

Portanto, os fenómenos de difusão por osmose são influenciados por numerosos factores e é necessário criar certas condições óptimas para obter o máximo de resultados. Colocando em prática as teorias relativas à diálise - difusão osmótica, poderemos orientar o fabrico de produtos de acordo com o imperativo das principais exigências. Com o objetivo de elucidar o comportamento do açúcar em forma de cristal, xarope de açúcar frio e quente com frutos, na prática da difusão, foram realizados vários ensaios. Para o efeito, foram feitas experiências com diferentes espécies, sendo os frutos colocados com açúcar, em tabuleiros de alumínio, em camadas à temperatura ambiente, no caso dos morangos.

A temperatura desempenha um papel positivo na difusão, porque aumenta a velocidade de movimento das moléculas e, ao mesmo tempo, diminui a viscosidade da solução de açúcar. Ao aumentar a temperatura em 1,

o valor do coeficiente de difusão das soluções aquosas aumenta em média 2,6%.

Devido à elevada concentração das soluções açucaradas em relação à das células do fruto, estas sofrem uma pressão osmótica considerável. Esta pressão osmótica é aumentada pela ação térmica. O forçamento dos fenómenos de difusão leva à deformação das células, com
efeitos de deformação dos frutos e a redução do seu volume. O extremo do fenómeno manifesta-se, na prática, pelo murchamento dos frutos, um defeito irreversível e prejudicial para a aparência.
Estes frutos não são muito atractivos, não estão suficientemente impregnados de calda, ou seja, têm um baixo peso específico, são duros e tendem a subir na calda do recipiente. Nestas condições, surge o chamado "excesso de calda", que temos de retirar para atingir a relação fruta/xarope.
Tratamentos preliminares, tais como: escaldar a fruta, a utilização de salmoura concentrada para fruta cristalizada - concentração lenta (gradual), elimina a possibilidade de tal mau funcionamento.
A utilização de glucose - com uma molécula mais pequena do que a sacarose - é também um meio de prevenção, mas também de aceleração da velocidade de difusão.
Um objetivo muito importante no fabrico de compotas é atingir a relação fruta/xarope. Na prática de produção, este objetivo é alcançado através da introdução, na receita, de maiores quantidades de fruta. O processo é simples mas não é económico porque exclui a possibilidade de reduzir o preço do produto acabado. A aplicação de uma tecnologia racional para manter, tanto quanto possível, a forma do fruto, impregnando-o com calda, aumentando assim o peso específico - através da ingestão de açúcar - deve ser a preocupação básica do fabricante. As experiências efectuadas com o doce de morango permitiram concluir que a proporção de fruta/xarope é inversamente proporcional ao volume da fruta.
Por conseguinte, para atingir a relação fruta/xarope, o tamanho da fruta desempenha um papel muito importante. Consequentemente, quanto mais pequenos forem os frutos, mais finamente divididos (cortados), maior será a sua percentagem em peso. A explicação resulta do facto de, em frutos mais pequenos, a penetração da solução de açúcar ser mais fácil. Estes reduzem, proporcionalmente, menos o volume e beneficiando do aumento do peso específico, intervêm, com resultados muito superiores, a favor do peso do fruto.
Outro fator que influencia a relação fruto/xarope é a película de xarope de açúcar que adere à superfície do fruto. Calculando o peso da película de xarope na superfície do fruto, verificou-se que este pode ser de 0,010 - 0,018 g/, dependendo do grau de rugosidade da superfície do fruto e, naturalmente, da concentração do xarope. Para ilustrar numericamente a influência da superfície

do fruto, no aumento da relação fruto/xarope, consideremos um sortido de rebuçados, em que o corte tem a forma de um cubo com o lado a variar entre 4 - 0,25 cm - sendo os extremos dimensionais teóricos - para evidenciar o efeito. Nesta situação, podemos ter várias variantes, calculadas, para 1 kg de doce:

- 465 g de fruta - inserida - pode ser constituída por 6 pedaços de cubos (4x4x4 cm cada), com uma superfície total de 576cm$^2$ x 0,013g e influencia a pesagem - através da película de calda - com 7 g (576cm2x0,013g);
- No caso dos cubos de 2 cm, para a fruta de 465g serão necessários - de acordo com o mesmo cálculo - pedaços (cubos), cuja superfície total é de 1152cm2 e influencia a pesagem em 15g (1176 x0,013);
- Para cubos com 1 cm de lado, serão necessários 384 cubos, com uma superfície total de 2304 cm$^2$ . Estes influenciarão a pesagem - através da película de xarope - em 30g;
- Para cubos com um lado de 0,5 cm, serão necessários 3072 cubos, com uma superfície total de 4608cm2, e para 0,25 cm, 12288 cubos, com uma superfície total de 9216cm2, o que influenciará a pesagem com 60 g, respetivamente 120 g.

Do que precede, pode ver-se claramente a influência decisiva que tem a superfície total do fruto, sob a forma do número de pedaços, na obtenção de um melhor coeficiente da relação fruto/xarope, no fabrico do dulceturilote. De facto, este aspeto pode traduzir-se numa economia de consumo específico, que pode ser de 90 a 260 kg de frutos por 1 tonelada de doçura.

Na confeção de compotas, portanto, deve-se tender para a escolha de frutos de tamanho pequeno, não só porque o fenómeno de difusão se realiza em melhores condições, mas também porque oferecem uma maior superfície, com um peso extra, da calda, que adere.

Na prática da produção, identificamos o efeito concreto destes factores correlacionados nos doces de fruta, sob a forma de massa e sobretudo de doce de rosa.

Os resultados das influências positivas ou negativas de vários factores devem ser completados sabendo, na prática, qual a quantidade de fruta necessária para introduzir na receita de produção. Isto para atingir, em primeiro lugar, o rácio xarope exigido pela regulamentação, mas, ao mesmo tempo, para não desperdiçar matéria-prima. A este respeito, os consumos máximos específicos e normalizados são particularmente amplos, no interior das unidades de produção, com variações extremas e a literatura especializada e as receitas tecnológicas, bastante contraditórias. Problema essencial, que precisa de ser esclarecido, nesta ordem de ideias, é se os frutos, no processo de fabrico do doce, diminuem ou aumentam de peso. Na prática dos processos de transformação, sabe-se que, como se trata de evaporação de água - normalmente à custa dos frutos - estes irão, por inerência, diminuir de peso. Ao mesmo tempo, porém, os frutos são embebidos em calda, que tem uma gravidade específica elevada e, por conseguinte, o seu peso pode aumentar.

A densidade do xarope compensa a perda de água?

Para elucidar o problema, foram efectuadas experiências em condições tecnológicas óptimas, nomeadamente no que diz respeito ao tempo de difusão prolongado, à fervura lenta, etc., a fim de impregnar os frutos com a maior quantidade possível de açúcar.

É verdade que a tecnologia utilizada nas experiências está próxima do ideal, sendo durável, e que em condições de produção não podemos pretender aplicá-la. As experiências foram efectuadas, mas com o objetivo de demonstrar que uma tecnologia bem conduzida é plenamente compensada, de modo a reduzir consideravelmente o consumo de fruta, ao qual se junta o efeito qualitativo de manutenção da forma do fruto.

O aumento do peso do fruto é principalmente condicionado por processos simultâneos: a penetração do açúcar no fruto, por um lado, e a remoção de uma quantidade de água, por outro. A ação térmica acelera ambos os processos, a água saindo do fruto e o açúcar tomando o lugar da água. Quando se eleva a temperatura a valores de 100, a água do fruto tende para o estado de vapor, enquanto que na calda ainda não aparecem estas manifestações. Se a cozedura for lenta, o fruto fica tenso (incha), mas se for muito rápida, a sua tensão leva a que se rache, perdendo a forma, sem ter tido tempo de se interpenetrar suficientemente com o açúcar. Depois de parar a fervura, o fruto está longe de ter conservado o seu volume e forma originais e tem um aspeto esfarrapado. Por esta razão, a fervura - concentração de doçura não deve ser forçada, especialmente na primeira fase - quando os frutos contêm a maior quantidade de água.

Um aspeto de grande valor prático, que se pode deduzir do estudo desta fase, é que a ebulição (concentração) da doçura deve tender a ser efectuada de modo a que a perda de água do fruto, sob a forma de vapores, seja a menor possível. Este aspeto, expresso de outra forma, seria o de garantir que a relação entre a quantidade de água sob a forma de vapores e o açúcar que a substitui seja a menor possível. A concentração inicial da calda tem uma grande influência sobre esta relação. Se a concentração da calda for demasiado elevada, sobretudo na primeira fase da cozedura, o coeficiente de difusão é relativamente mais baixo, devido à própria presença de vapores, que tendem a sair do fruto e a encontrar a sua resistência (da calda).

No entanto, também não é possível seguir o princípio das baixas concentrações de xarope, porque a velocidade de difusão diminui, prolongando-se especialmente em detrimento dos aromas. O aumento da velocidade de penetração do açúcar no fruto é progressivo com o aumento da temperatura, até não atingir os valores a que se dá a evaporação da água. Se forem utilizados xaropes com concentrações elevadas na fase inicial, a sua ebulição far-se-á a temperaturas superiores a 100°C, ou seja, a 102-104°C. A água dos frutos evaporar-se-á muito intensamente sem que o açúcar possa tomar o seu lugar e então facilitaremos certamente o fenómeno da queda, os frutos terão pelo menos uma redução do seu volume, com um efeito de consumo específico aumentado (no que diz respeito à obtenção da relação fruto-xarope).

Se, ao atingir o ponto de ebulição, a ação térmica cessar, criam-se condições para a condensação do vapor - em processo de formação - o que facilita, de forma particularmente favorável, a penetração do açúcar. A realização alternativa deste princípio - aquecimento e arrefecimento - conduz a um dos processos mais eficazes de fabrico de compotas, ou seja, o método de ebulição intermitente.

Por isso, é totalmente errado sugerir que as compotas sejam fervidas o mais rapidamente possível - em equipamentos com alta velocidade de evaporação - mencionados em muitos trabalhos especializados.

O vácuo pode ter uma influência particularmente positiva no processo tecnológico, especialmente no início da operação, eliminando os gases das espécies intercelulares, tornando assim a penetração do açúcar muito mais fácil.

A alternância entre o uso do vácuo e o trabalho à pressão atmosférica, leva também à realização de métodos eficazes para a realização de compotas, de qualidade e com pouco consumo de fruta.

A determinação da quantidade de fruta que entra no lote é um problema relacionado com o método de trabalho adotado, mas também com as características da espécie, variedade, tamanho da fruta, proporção de açúcar, etc.

Num fabrico racional, a quantidade de matéria-prima - introduzida na receita - deve oscilar entre 30-55% - com exceção da compota de rosa - com 9-11%.

A concentração em substância solúvel - o grau refratométrico - do produto acabado tem uma importância notável na obtenção da relação fruto/xarope.

Dimensão dos lotes. No âmbito do modo de trabalho, não podemos esquecer a dimensão dos lotes, que não deve ser aleatória. A dimensão dos lotes, do ponto de vista da preservação da integridade dos frutos, depende da espécie, da firmeza da polpa, do grau de divisão, etc., mas sobretudo da altura da massa.

Para lotes idênticos de doçura - em tamanho - com igual tempo de concentração, o número de frutos que mantiveram a sua forma foi 10-14% mais elevado, no caso de concentração numa caldeira duplicada de fundo plano do que na de fundo esférico.

Com a compota de pétalas de rosa, os lotes não podem ter limites, em termos de tamanho, desde que se consiga efetuar o seu arrefecimento, a grande massa de compota armazena enormes quantidades de calor - no caso da compota provocando, caso contrário, a caramelização. Esta não é a mesma forma de proceder com morangos, pêssegos, mirtilos, etc., cuja textura é mais fraca. Por outro lado, referimos que o facto de a matéria-prima não ter passado pela fase preliminar de desdifusão também deve ser tido em conta.

O tempo total de concentração é um fator ativo na elaboração do lote, mas recomenda-se que não seja inferior a 20 minutos (ebulição efectiva). Este tempo parece ser suficiente para obter a imbibição, com xarope, de alguns sortidos de frutas e ao mesmo tempo a inversão da sacarose. Considerando os resultados qualitativos, de forma óptima, pode afirmar-se que são indicados três tamanhos de lote:

- Pequena, para frutos com uma textura fraca e tamanhos maiores: morangos, pêssegos, amoras, framboesas, etc;
- Médio, para frutos pequenos ou de polpa mais firme: mirtilos, groselhas, etc.
- Grandes, desde que o produto acabado possa ser devidamente arrefecido, para frutos cuja integridade não apresente problemas, que tenham uma textura firme ou que estejam divididos sob a forma de cubos, noodles, etc., tais como: pétalas de rosa, nozes verdes, groselhas, marmelos, pêras, etc.

Para este tipo de matéria-prima, os dispositivos de vácuo podem ser utilizados na capacidade nominal.

Modo de utilização do açúcar. Para adoçar, o açúcar pode ser utilizado sob a forma de açúcar em pó, introduzido sobre a fruta, com uma fase prévia de difusão ou diretamente na máquina de tratamento térmico, com ou sem adição de açúcar. O método é expedito e aplicável nos casos em que não é necessário tomar medidas para manter a textura da matéria-prima, como é o caso do doce de rosa, marmelo (cubos, fatias), casca de limão, doce de laranja. O processo de utilização direta do açúcar pode acarretar o risco de esmagamento dos frutos, como no caso das nozes, nozes, figos, etc.

A utilização de açúcar, sob a forma de xarope, deve ser o método preferido na preparação de compotas, porque actua de forma menos agressiva sobre a firmeza da polpa. A concentração do xarope deve ser variável, dependendo do carácter da espécie, do grau de maturação da matéria-prima, etc. Assim, para os frutos submetidos a uma fase de difusão preliminar, recomenda-se a calda de cerca de 75 Bx. Para iniciar a operação de concentração, utilizar-se-ão caldas de cerca de 55 Bx e, se os frutos tenderem a perder a sua forma, a concentração da calda será reduzida para 45 Bx ou mesmo 40 Bx. Dentro da mesma espécie, utilizam-se caldas menos concentradas quando os frutos estão maduros e ligeiramente mais concentradas quando os frutos atingem o estado de maturação.

A adição do ácido. O produto acabado, segundo o STAS, deve ter 0,7% de acidez, calculada em ácido málico. Em muitas variedades de doces, a acidez é assegurada pela matéria-prima: groselha, groselha, etc. Noutras, a sua correção é obrigatória: pêras, pêssegos, mas sobretudo nozes, gogones, figos, etc. As quantidades de ácido não devem ser um modelo, tendo em conta na receita, a ingestão do fruto, a ser verificada (precisão) por meios laboratoriais.

O papel do ácido na doçura é muito importante, porque desta forma é assegurado um pH favorável de 3-3,4, o que facilita a inversão da sacarose. O grau de inversão da sacarose deve ser de 50%, segundo alguns autores, mesmo 35% é suficiente, para evitar o fenómeno de sacarificação.

A temperatura e a duração da sua ação são também factores importantes para conseguir a inversão.

Relativamente ao momento em que o ácido deve ser introduzido, existem várias opiniões. Em alguns trabalhos especializados, recomenda-se que o ácido seja introduzido no final da cozedura. A escolha deste momento consideramos que não se justifica. Ao contrário da compota - onde se pode demonstrar a intenção de manter a pectina - na doçura, sendo o aspeto gelatinoso da calda um defeito, a adição do ácido deve ser feita juntamente com o açúcar. No caso de frutos ricos em pectina, a adição de ácido desde o início torna-se uma necessidade imperativa. No caso de compotas de frutos pobres em pectina (pêssegos, cerejas), quando as compotas são feitas com quantidades de açúcar abaixo do limite de 66% - a fluidez da calda é maior - o ácido pode ser adicionado mais tarde. A quantidade de ácido introduzida será sempre sob a forma de uma solução, numa concentração não superior a 50%.

Cozedura - concentração. Para fazer a doçura, o conteúdo do lote é fervido a fim de o levar à concentração estabelecida pelos regulamentos. Na empresa, dispomos de uma gama variada de instalações, nas quais a operação térmica pode ser efectuada.

Os equipamentos de cobre - em vias de extinção - devem ser estanhados, caso contrário o teor de cobre pode comprometer o produto, não tendo o estanho aderência suficiente, o que representa um grande inconveniente. Outro inconveniente é o da reação com os pigmentos antociânicos de alguns frutos: ginjas, cerejas, etc.

A elevada taxa de evaporação, conseguida com as máquinas de cobre - devido ao elevado coeficiente de condutividade térmica - considerada uma vantagem para outros fins de fabrico, é mais uma vez um inconveniente na preparação de compotas, neste caso é necessária uma fervura lenta. Por estas razões, os aparelhos de cobre são contra-indicados na cozedura de compotas.

A máquina de aço inoxidável é muito adequada para o fabrico de compotas. O material não reage com os compostos da fruta e tem um coeficiente de condutividade muito inferior ao do cobre, garantindo uma cozedura moderada.

A gestão do processo de difusão - durante a cozedura - é também conseguida, em grande medida, pela forma como a pressão do vapor é utilizada (na camisa dupla).

Deste ponto de vista, recomenda-se a utilização de uma pressão de 0,5 - 1,5 at, no início

fase de ebulição e não apenas na fase final a pressão de 3,5 - 4 at. Pressões mais elevadas forçam o fenómeno de difusão, com resultados desfavoráveis na manutenção da forma e na obtenção da relação fruta/xarope. O amassamento moderado do doce durante a cozedura contribui, em certa medida, para a uniformidade do produto, sem influenciar negativamente a integridade do fruto.

Determinação da concentração final. Antigamente, esta operação exigia uma experiência especial, sendo a apreciação efectuada de forma sensorial, relativamente à consistência do fruto e da calda. Na fase atual, a determinação da concentração final é feita com o auxílio do refratómetro. Embora muito rápido e cómodo, o método refratométrico pode dar origem a erros, sobretudo quando a fervura foi feita demasiado depressa e, nestas condições, os frutos não estão suficientemente impregnados de açúcar. Por esta razão, o lote é pesado, um método que dá resultados particularmente precisos, embora inconveniente nas nossas condições de trabalho. Quando há adaptações neste sentido, a pesagem do uso com o lote é um método fácil de aplicar.

O ponto de ebulição é uma pista valiosa para identificar a concentração final, porque existe uma relação muito precisa entre o aumento da concentração e o aumento da temperatura.

Em comparação com as temperaturas alcançadas com xaropes de açúcar puro, existem algumas diferenças, devido à presença de ácidos orgânicos e substâncias pécticas na doçura.

A temperatura de ebulição é, naturalmente, modificada pela pressão atmosférica, que é ligeiramente variável, mas, na prática, estes valores não influenciam os resultados. A possibilidade de utilização combinada de dois sistemas de controlo, da concentração, evita os riscos relativos aos resultados finais. A verificação em laboratório deve sempre confirmar as medições efectuadas em condições de produção.

Em todo o caso, uma compota de boa qualidade é aquela que tem uma certa consistência de xarope e isso só é conseguido quando a concentração final é de, pelo menos, 68 ref.

A espumação é efectuada em caldeiras duplas, logo após a paragem da ebulição e uma segunda vez, antes do enchimento dos recipientes. A formação de espuma é o resultado da presença de substâncias pécticas e de linho, em certa medida de origem proteica. A remoção é feita recolhendo-a da superfície do produto, utilizando a espuma. Se não se proceder a esta operação, a espuma misturar-se-á com a massa do produto, dando-lhe um aspeto pouco comercial. A espuma recolhida em recipientes limpos deixa xarope, que pode ser reutilizado em lotes subsequentes. A espuma propriamente dita, com um elevado teor de açúcar, será utilizada para preparar gelados ou, com resultados menos económicos, para fazer marmelada.

Do conjunto de tarefas gerais de trabalho, seleccionamos as seguintes:

> **Receção qualitativa e quantitativa.** A receção é efectuada em pontos fixos à entrada da unidade de transformação ou nos pontos de compra e inclui o controlo quantitativo e qualitativo da matéria-prima. Os objectivos visados pela receção qualitativa são: grau de frescura, estado higiénico-sanitário, consistência do fruto, grau de maturação, aspeto exterior, forma, tamanho e cor; sabor e aroma, sólidos solúveis. O controlo de qualidade dos frutos é efectuado por exame organolético e análises laboratoriais com aparelhos de medição e controlo. O grau de maturação e a frescura dos frutos podem ser determinados visualmente ou através da verificação da firmeza da textura, utilizando o maturómetro ou o penetrómetro. O estado sanitário pode ser determinado por métodos microbiológicos rápidos de deteção da carga microbiana na superfície do fruto. Os indicadores relacionados com a forma, o tamanho, a cor, o sabor, o aroma e a substância solúvel são tidos em conta na determinação do destino dos frutos para transformação sob a forma de compota, doce, compota, recheios, etc.

> **Armazenamento.** O armazenamento temporário dos frutos até à sua introdução no processo de transformação deve ser o mais curto possível ou, se possível, até mesmo suprimido. Os frutos são armazenados em armazéns simples, bem ventilados, frescos e secos ou em armazéns refrigerados. Durante o armazenamento, os frutos sofrem uma série de alterações físicas, bioquímicas e microbiológicas que dependem da espécie, da variedade, da qualidade e da frescura do fruto, da duração e da temperatura de armazenamento, da humidade relativa do ar, da possibilidade de circulação do ar, etc. Entre as alterações físicas que ocorrem durante o armazenamento, destaca-se a perda de água por evaporação, que resulta na perda de peso por desidratação superficial (encolhimento), o que confere ao fruto um aspeto inadequado, com implicações indesejáveis nos produtos acabados.

As alterações bioquímicas mais comuns durante o armazenamento da fruta são: amolecimento dos tecidos da fruta como resultado da hidrólise enzimática de

substâncias pécticas insolúveis, perda de açúcares como resultado da sua transformação em dióxido de carbono e água através da respiração, transformação de açúcar em amido, redução do teor de vitaminas como resultado de processos redox.
As transformações bioquímicas que ocorrem nos frutos armazenados em condições impróprias são: bolor, fermentação (alcoólica, butírica, láctica). Ambos os fenómenos levam à deterioração substancial da qualidade dos frutos, tornando-os impróprios para o processamento industrial. No caso da utilização destes frutos, as perdas devidas a alterações microbiológicas (bombagem) aumentarão substancialmente. Os principais factores que determinam a intensidade das transformações microbiológicas são: a temperatura e a duração do armazenamento, a qualidade e o estado de maturação, as condições higiénicas e sanitárias das embalagens e dos armazéns.
> **Calibração**. Para as compotas, a matéria-prima deve satisfazer as condições de lotes com dimensões semelhantes. Este problema é resolvido com recurso a meios mecanizados. Dependendo das características da matéria-prima, a calibração pode ser efectuada antes ou depois da operação de lavagem.
> **Triagem**. A matéria-prima, que entra no processo tecnológico, pode apresentar uma série de deficiências de qualidade, perceptíveis à primeira vista ou ocultas, sob a forma de golpes mecânicos, manchas de enzimas, frutos deformados, vermes, etc. Por estas razões, a matéria-prima deve ser objeto de uma triagem - triagem, eliminando as partes inadequadas. A triagem - separação, em princípio, é uma operação que se repete tantas vezes quantas as que se passam para outra fase importante do trabalho.
> **Lavagem/limpeza**. Do ponto de vista operativo, esta fase é muito complexa, devido às profundas diferenças entre as espécies de frutos, que se traduzem em doçuras diferentes para cada variedade.
> **Difusão**. Esta fase é particularmente importante no processo de fabrico do doce, ao qual é específica. Na tecnologia clássica, esta fase é frequentemente designada por
"homogeneização". A difusão, embora específica das compotas, não aparece como uma fase separada no caso das variedades de compota de rosa, dos frutos em forma de massa, de alguns frutos silvestres.
> **Ebulição/Concentração**. Com ou sem difusão prévia, os sarjes de compota são cozidos de forma contínua ou intermitente, até à evaporação do excesso de água. Como apresentado anteriormente, a operação deve ser feita com moderação, principalmente no início da fase. Ao contrário da compota, o doce ferve lentamente.
O arrefecimento. O produto acabado será esvaziado em bacias com uma

capacidade máxima de 200 kg - para arrefecer - e, ao mesmo tempo, será efectuada uma homogeneização dos lotes. O arrefecimento do doce feito em caldeiras duplicadas - cuja temperatura é de pelo menos 103°C - seria preferível ser feito em bacias de fundo duplo, com circulação de água. O arrefecimento surge também como uma necessidade pelas seguintes razões:

- A caramelização é evitada;
- São criadas condições para a continuação do processo de difusão, evitando assim a elevação dos frutos à superfície;
- A embalagem é geralmente efectuada em recipientes de vidro, para evitar a sua quebra;
- O manuseamento do doce a alta temperatura é mais difícil.

O arrefecimento, no entanto, não deve ser exagerado e praticamente deve ser até cerca de 70. Caso contrário, a sua viscosidade aumenta, dificultando as operações de enchimento.

O tipo de recipientes utilizados para a compota tem as seguintes características

- BOE, para 72° ref= 450 g; 65° ref= 430g;
- BOF, para 72° ref= 240g; C 1 / 2 335 ml, para 72° ref= 453 g;
- **Dosagem em frascos**. O doseamento de produtos em recipientes é de grande importância tanto do ponto de vista tecnológico como do aspeto do produto acabado. Na compota, a parte sólida deve ser distribuída uniformemente na massa do líquido (xarope) para facilitar a transmissão de calor durante a pasteurização e para obter o aspeto estético adequado dos produtos acabados. Durante a operação de dosagem, deve ser assegurada a remoção do ar dos recipientes. A presença de ar nos produtos intensifica os processos de oxidação e destruição da vitamina C. Além disso, o ar contido nos recipientes, juntamente com os vapores resultantes da pasteurização, aumenta a pressão interna para valores muito superiores aos da autoclave e os recipientes perdem a sua estanquicidade, criando condições para a reinfeção do produto durante a armazenagem. Para eliminar o ar, o produto é doseado a altas temperaturas de modo a que o líquido expandido ocupe todo o volume do recipiente e, após arrefecimento, por contração, é criado um vácuo de 250-300 mm cl.Hg nos recipientes. O doseamento dos produtos é efectuado através dos seguintes tipos de instalações: doseadores para produtos sólidos, doseadores para produtos líquidos, doseadores para produtos viscosos.

A dosagem da parte sólida nas compotas é efectuada em mesas de enchimento rotativas para pequenos frutos inteiros (cerejas, ginjas, groselhas, etc.) ou manualmente em correias de enchimento.

> **Sortido de rebuçados**. Como já referi, não existe uma delimitação dos sortidos de doces. Do ponto de vista comercial, as variedades de doces são as

seguintes: mirtilos, groselhas, alperces, alperces verdes, morangos, cerejas, groselhas, morangos, marmelos, amoras, nozes verdes, pêras, pêssegos, ameixas, uvas, rosas, cerejas, framboesas.

> **O doseamento de produtos em recipientes** é de grande importância tanto do ponto de vista tecnológico como do aspeto do produto acabado. Para o doce e a compota, a parte sólida deve ser distribuída uniformemente na massa do líquido (xarope) para facilitar a transmissão do calor durante a pasteurização e para obter o aspeto estético adequado dos produtos acabados. Durante a operação de dosagem, deve ser assegurada a remoção do ar dos recipientes. A presença de ar nos produtos intensifica os processos de oxidação e de destruição da vitamina C. Além disso, o ar contido nos recipientes, juntamente com os vapores resultantes da pasteurização, aumenta a pressão interna para valores muito superiores aos da autoclave e os recipientes perdem a sua estanquicidade, criando condições para a reinfeção do produto durante a armazenagem. Para eliminar o ar, o produto é doseado a altas temperaturas de modo a que o líquido expandido ocupe todo o volume do recipiente e, após arrefecimento, por contração, é criado um vácuo de 250-300 mm cl.Hg nos recipientes. A dosagem dos produtos é efectuada através dos seguintes tipos de instalações: doseadores para produtos sólidos, doseadores para produtos líquidos, doseadores para produtos viscosos. A dosagem das partes sólidas das compotas é efectuada em mesas de enchimento rotativas para pequenos frutos inteiros (cerejas, ginjas, groselhas, etc.) ou manualmente em tapetes de enchimento. Os doseadores de nível ou volumétricos são utilizados para dosear os líquidos de revestimento.

Os doseadores para produtos viscosos do tipo Rafoma funcionam segundo o princípio da dosagem volumétrica. Este tipo de doseador pode ser utilizado para compotas, recheios termoestáveis, marmelada e geleia.

> **Pasteurização**. Ao fechar - encapsular os recipientes, os vapores contidos no espaço entre o doce e a tampa podem condensar-se. Desta forma, produzem-se gotículas de água na superfície do doce e criam-se condições para o desenvolvimento de microorganismos. Principalmente por esta razão e para criar um certo vácuo, os doces são pasteurizados.

A pasteurização deve ser de curta duração porque não se refere ao conteúdo do recipiente, mas apenas ao ar saturado de vapores. Por conseguinte, temperaturas de 100°C durante 5 a 10 minutos são suficientes, sem um período de pré-aquecimento, recomendado em muitos trabalhos especializados. É muito necessário arrefecer os recipientes, ocasião em que será possível verificar o fecho - ligeira forma côncava - como resultado da criação de um vácuo de cerca de 500 mm Hg de coluna.

Para a pasteurização, podem utilizar-se autoclaves normais e, com melhores resultados, pasteurizadores de fita. Um fecho sob um jato de vapor, como é habitual no caso de recipientes com uma tampa de torção, pode ajudar a evitar a pasteurização. Se não se trabalhar em condições de higiene correctas, o jato de vapor não é suficientemente quente ou o doce arrefece. O procedimento pode trazer surpresas desagradáveis e, nesse caso, não se pode renunciar à pasteurização, que dá resultados fiáveis. As compotas, abaixo de 69° ref, serão pasteurizadas de qualquer forma. .

> □ **Acondicionamento de contentores cheios**. O acondicionamento dos produtos acabados inclui uma série de operações tecnológicas, através das quais lhes é conferido um aspeto comercial adequado. As operações de acondicionamento consistem em: descarregar os cestos, lavar e secar os contentores, verificar o aspeto exterior, proteger a superfície exterior; paletizar, rotular, embalar, paletizar as embalagens de transporte. A descarga dos contentores dos cestos de autoclave já não é efectuada manual ou mecanicamente.

As latas esterilizadas em instalações contínuas passam diretamente para a secagem, porque a lavagem é feita na zona final dos esterilizadores. Os novos tipos de instalações contínuas para esterilização estão também equipados com uma área de secagem. O aspeto exterior é verificado visualmente nas correias transportadoras.

As latas embaladas em caixas são protegidas na superfície exterior com uma fina camada de vaselina técnica neutra. As latas são armazenadas em paletes, isoladas ou paletizadas em película retrátil ou em caixas de cartão. A rotulagem dos recipientes lavados e secos pode ser efectuada antes da paletização ou no momento da entrega, utilizando máquinas adequadas para caixas e frascos. Os recipientes são embalados em caixas de madeira, caixas de cartão ou em película retrátil.

> **Armazenamento.** O armazenamento de fruta em conserva é feito em armazéns limpos, secos, bem ventilados, protegidos da geada, a temperaturas máximas de 20°C e humidade relativa do ar máxima de 80%. As temperaturas mais elevadas provocam a degradação da cor, do sabor, da consistência e a redução do teor vitamínico. As baixas temperaturas abrandam os processos de degradação, mas se os produtos congelarem, a qualidade diminui devido a alterações essenciais na consistência. A humidade do ar influencia especialmente os processos de corrosão nas caixas.

> **Paletização**. As paletes com latas são protegidas com película de polietileno.

> **Entrega**. Os alimentos enlatados são entregues paletizados ou em contentores.

# II. Tecnologias de produção e métodos de obtenção de produtos de framboesa

## II.1. Características gerais das variedades de framboesa

### II.1.1. Composição química e índices físico-químicos das framboesas

O cultivo de framboesas (Rubus ideaus L.) representa uma excelente fonte de negócio agrícola com sérias hipóteses de rentabilidade. A investigação mostra que a maior parte das espécies de framboesa são originárias da Ásia Oriental, de onde se espalharam pela zona temperada, especialmente no hemisfério norte (Europa, Ásia, América do Norte), onde ainda hoje se encontram.

As framboesas pertencem à família Rosaceae. Em todo o mundo, existem mais de 3000 espécies pertencentes ao género Rubus e ao subgénero Daeobatus, muitas das quais se encontram também no nosso país, a Moldávia, na flora espontânea. Tal como no caso dos morangos, distinguem-se dois tipos de framboesa de acordo com a frutificação da variedade, a saber

- sazonais (frutos apenas uma vez por ano);
- remontante (frutos várias vezes por ano) [1].

A cultura de árvores de fruto é um sector em plena expansão que não exige conhecimentos especializados nem investimentos dispendiosos. Para além disso, as gratificações são imediatas e o lucro é em grande escala. Um passo importante no estabelecimento de uma plantação é a escolha da variedade de framboesa que assegurará uma colheita bem sucedida [2].

Vamos tentar caraterizar brevemente algumas das variedades mais populares cultivadas no nosso país:

- Variedades sazonais:

- **Framboesa Cayuga** - planta vigorosa, com elevada capacidade de enraizamento, tem caules grossos, longos e direitos, espinhos pequenos e finos. Os frutos têm tamanho variável (1-4 g), são esféricos ou esférico-oblongos, com drupas uniformes, vermelho-carmim. São valorizados para alimentação e industrialização e são colhidos no final de junho;

**Fig. 2.1.** Framboesa Cayuga

- Framboesa Rubin - obtida na Bulgária e bastante difundida no nosso país. A planta é vigorosa, draga moderadamente. Os frutos são grandes (3-6 g) e a polpa tem uma suculência média. É menos aromática e a colheita tem lugar no final de junho - início de julho;

**Fig 2.2.** Framboesa Rubin

- A framboesa "de Prusia" tem um vigor muito elevado e uma boa capacidade de dragar. Os frutos são grandes e mesmo muito grandes (2-5 g), cónicos, a polpa é agridoce, ligeiramente aromática. Também é colhida em meados do verão;

**Fig. 2.3.** Framboesa "da Prússia".

- A framboesa Mailling Promise é vigorosa, com caules de 2,5 m de altura, com muito boa capacidade de enraizamento. Os frutos são muito grandes, de forma cónica alongada, com a ponta ligeiramente alisada, de cor vermelha escura. A maturidade da colheita é precoce, no início de julho [1].

**Fig. 2.4.** Promessa de Mailling

* Variedades remanescentes:

- A framboesa "De Septembrie" é uma planta medianamente vigorosa, com boa drenagem e caules arqueados em direção ao solo. Os frutos têm uma forma variável, esférica, esfero-cónica ou cilíndrico-cónica, com um relevo irregular. A primeira colheita é obtida no início de julho e a segunda colheita em setembro-outubro;

**Fig. 2.5.** Framboesa "setembro"

- A framboesa Lloyd George tem um vigor médio, com uma capacidade de escoamento relativamente boa. Os caules anuais são castanho-avermelhados, com espinhos curtos e vermelho-escuros. Os frutos são médios ou grandes, cónicos, compridos, com a ponta ligeiramente chanfrada, de cor vermelha escura, cobertos por uma camada violeta. É também colhida em julho e no outono.

**Fig. 2.6.** Framboesa Lloyd George

Ambas as variedades apresentam vantagens e desvantagens: as variedades sazonais frutificam durante um mês, mas de forma intensa, enquanto as variedades remontantes frutificam várias vezes, mas têm uma produção inferior. É importante saber que existem variedades de framboesa não só vermelhas, mas também amarelo-alaranjadas ou com tonalidades roxas e até pretas.

Por exemplo, a variedade Cytria tem grandes frutos amarelos e aromáticos que frutificam abundantemente na primavera a partir de 15 de junho. Sendo uma variedade remontante, também dá frutos no outono.

**Fig. 2.7.** Framboesa Cytria

Menos conhecida no nosso país é a framboesa preta. Por exemplo, a variedade, chamada Mac Black, tem aparentemente um sabor mais intenso do que as variedades vermelhas tradicionais e um nível mais elevado de antioxidantes. Além disso, a framboesa preta, apelidada de "rei dos frutos do bosque", é mais rica em ácido elágico e antocianinas [1]

**Fig. 2.8.** Raspberry Mac Preto

As deliciosas framboesas têm um baixo teor calórico e de gordura. No entanto, é uma fonte rica em fibras alimentares e antioxidantes. 100 g de bagas contêm apenas 52 calorias, mas fornecem 6,5 g de fibra (16% da dose diária recomendada).

As framboesas têm um nível significativamente elevado de fitoquímicos: flavonóides fenólicos, tais como antocianinas, ácido elágico (tanino), quercetina, ácido gálico, cianidina, pelargonidina, catequinas, kaempferol e ácido salicílico. Estudos científicos demonstram que os compostos antioxidantes presentes nestas bagas desempenham um papel potencial na cura do cancro, contra o envelhecimento (antienvelhecimento), inflamação e doenças neurodegenerativas.
O xilitol é um substituto do açúcar com poucas calorias, extraído das framboesas. Uma colher de chá de xilitol contém apenas 9,6 calorias, em comparação com 15 calorias de açúcar. O xilitol é absorvido no sangue mais lentamente nos intestinos do que o açúcar simples e não contribui para um índice glicémico elevado. Assim, pode ser útil para pessoas com diabetes para regular grandes flutuações nos níveis de açúcar no sangue.
As framboesas frescas são uma excelente fonte de vitamina C, que é também um poderoso antioxidante natural. 100 g de bagas fornecem 26,2 mg, ou seja, aproximadamente 33% da dose diária recomendada. O consumo de frutos ricos em vitamina C ajuda o corpo humano a desenvolver resistência a agentes infecciosos, a combater a inflamação e a aniquilar os radicais livres nocivos [3].
A framboesa contém vitaminas antioxidantes, como a vitamina A e a vitamina E. Para além dos antioxidantes acima mencionados, é também rica em muitas outras substâncias antioxidantes polifenólicas e flavonóides, como a luteína, a zeaxantina e o betacaroteno, embora em quantidades relativamente pequenas. No seu conjunto, estes compostos actuam como protectores contra os radicais livres obtidos a partir da utilização do oxigénio e das espécies reactivas de oxigénio (ERO) que desempenham um papel no envelhecimento e em vários processos de doença.
As framboesas têm um valor de ORaC (capacidade de absorção de radicais de oxigénio) de aproximadamente 4900 gm TE por 100 gramas, o que as coloca entre os frutos com maior ORaC.
Contêm uma boa quantidade de minerais como o potássio, o manganésio, o cobre, o ferro e o magnésio. O potássio é um componente importante dos fluidos celulares e corporais e ajuda a controlar o ritmo cardíaco e a tensão arterial. O manganês é utilizado pelo organismo como co-fator da poderosa enzima antioxidante, a superóxido dismutase. O cobre é essencial para a produção de glóbulos vermelhos.
São ricas em vitaminas do complexo B e vitamina K. As framboesas contêm quantidades muito boas de vitamina B6, niacina (B3), riboflavina (B2) e ácido fólico. Estas vitaminas ajudam o organismo no metabolismo dos hidratos de carbono, proteínas e gorduras [3].

As framboesas são um dos primeiros frutos preferidos pelos consumidores com um valor nutricional e sensorial especial. Contêm um grande número de nutrientes e substâncias biologicamente activas. Nos últimos anos, tem sido referido que estes frutos têm um teor mais elevado de antioxidantes do que outros frutos: Ácido L-hidroascórbico, polifenóis, antocianinas, que mostram a capacidade de inativar os radicais livres in vivo e in vitro [4-8].

Sendo muito perecíveis, nos morangos e nas framboesas, sob a ação das enzimas peroxidase, ocorrem permanentemente alterações nas substâncias fenólicas (a sua oxidação), que contribuem para o aparecimento de compostos castanhos e para a perda de cheiro [6, 8, 9].

O teor de antioxidantes e a sua capacidade antioxidante dependem de vários factores: condições climáticas, métodos de utilização e de cultivo, estado de maturação e condições de armazenamento [6, 8, 10, 11].

A composição química das framboesas é muito variável (quadro 1.1). O mais variável é o teor de substâncias solúveis em água. Assim, é óbvio que o teor de antioxidantes deste fruto também é variado.

**Tabela 2.1. Características físico-químicas das framboesas [6]**

| **Produto** | SU,% | pH | Acidez total,% | Potencial redox (E), mV | Teor em substâncias pécticas, % |
|---|---|---|---|---|---|
| **Framboesa** | 7.7-15.8 | 3.1-3.5 | 0.72-1.47 | 225-240 | 0.3-0.7 |

Para além dos índices físico-químicos, as framboesas contêm igualmente antioxidantes: ácido L-hidroascórbico, antocianinas e polifenóis totais. O teor de antioxidantes das framboesas é muito variável. Para as framboesas, o coeficiente K foi estimado em 2,2-5,31 (mg AA/g SU).

**Tabela 2.2. O teor de antioxidantes das framboesas [6]**

| **Produto** | Teor de antioxidantes, mg/ 100 g de produto | | | | |
|---|---|---|---|---|---|
| | Polifenóis totais | Antocianinas totais | L - ácido hidroascórbico | Valor sumário dos antioxidantes | Estado redox, K, mg AA/ g SU |
| **Framboesa** | 205.1-330.5 | 21.6-45.9 | 28.5-52.7 | 255.2-429.1 | 2.2-5.31 |

As framboesas, com um elevado teor de água, apresentam uma fraca firmeza estrutural-textural, tecidos delicados, pele fina, uma fraca resistência aos choques e às pressões. São muito sensíveis ao escurecimento, que conduz ao apodrecimento. Sendo excessivamente perecíveis, perdem rapidamente a sua qualidade e o seu valor nutritivo (o teor de substâncias biologicamente activas diminui) em consequência dos processos de biodegradação, característicos da respiração (processos bioquímicos de oxido-redução). Para manter a qualidade das substâncias biologicamente activas, recomenda-se a conservação dos morangos a baixas temperaturas. A manutenção da qualidade dos frutos frescos é conseguida através da redução da intensidade do processo de transpiração, da redução da temperatura e do acesso ao oxigénio [6, 11, 12, 13].

A intensidade da respiração da framboesa foi estimada através da fixação do teor de $CO_2$ kg/h, a diferentes temperaturas: 0, 5, 10, 15 e 20° C.

**Tabela 2.3. A intensidade do processo de respiração da framboesa [6]**

| **Produto** | mg $CO_2$, kg/h la t, C° | | | | |
|---|---|---|---|---|---|
| | 0 | 5 | 10 | 15 | 20 |
| **Framboesa** | 20.1-24.2 | 48.5-55.0 | 87.3-92.5 | 128.3-137.4 | 195-200.5 |

Quanto mais elevada for a temperatura de armazenamento, maior será o teor de $CO_2$, pelo que o processo de respiração é mais intenso. Assim, as condições óptimas de armazenamento das framboesas são a temperatura de 2±1° C, a humidade de 90-95% e a duração do armazenamento de 2-3 dias. A redução do acesso ao oxigénio tornou possível aumentar o tempo de armazenamento até 47 dias, dependendo do estádio de maturação dos frutos.

Na Tabela 2.4. são apresentados dados relativos ao teor de antioxidantes e ao índice K do estado de oxidação-redução das framboesas em função do grau de maturação. O teor de polifenóis é mais elevado nos frutos com grau de maturação técnico, seguido dos frutos em fase de consumo, e o teor em antocianinas é o oposto. Nos frutos muito maduros, o teor de antioxidantes é decrescente, o que atesta um menor estado redutor em relação a outros frutos com grau de maturação técnico e de consumo [6].

**Quadro 2.4. Características das framboesas em função do grau de maturação [6]**

| Produto | O grau de cozedura | **Teor de antioxidantes,** mg/ 100 g produs | | | **Estado redox, K, mg AA/ g SU** |
|---|---|---|---|---|---|
| | | **Polifenóis totais** | **Antocianinas totais** | **Ácido L-hidroascórbico** | |
| **Framboesa** | **Tecnologia** | 298.0 ± 7.25 | 31.0 ± 0.47 | 33.6 ±0.61 | 4.60 ±0.20 |
| | **Para consumo** | 283.3 ± 6.34 | 32.7 ± 0.51 | 40.1 ± 0.53 | 2.68 ±0.30 |
| | **maduro demais** | 197.9 ± 5.85 | 28.9 ± 0.27 | 28.5 ±0.40 | 1.71 ±0.15 |

As reacções bioquímicas de oxidação das substâncias fenólicas são catalisadas por: fenoloxidases, peroxidases, catalases, sendo a atividade mais elevada manifestada pelas polifenoloxidases. A oxidação das substâncias fenólicas ocorre sob a ação do oxigénio e da temperatura, sendo a velocidade bastante elevada. Os produtos oxidados são compostos castanhos.

Nos frutos esmagados, a oxidação enzimática dos antioxidantes processa-se a uma velocidade superior à da oxidação não enzimática, o que também foi confirmado pela diminuição súbita do coeficiente K. Nas framboesas, a diminuição do coeficiente K durante este período foi de 77,1% (o valor K foi reduzido de 3,5 para 0,8 AA /g SU) [6].

As framboesas são excessivamente perecíveis, devido ao seu elevado teor de água; têm uma reduzida firmeza estrutural-textural, tecidos delicados, pele fina e os frutos têm uma fraca resistência a choques e pressões. Os frutos deste grupo, e em especial as framboesas, são muito susceptíveis ao escurecimento, que depois leva ao apodrecimento. Estes frutos têm uma intensidade respiratória relativamente elevada, os frutos amadurecem rapidamente. São muito sensíveis às altas temperaturas e pressões que ocorrem durante a colheita, manuseamento e armazenamento. Estes frutos, mesmo em condições ideais de manuseamento e transporte, sofrem perdas se as operações durarem mais de 3 dias. É por isso que todo o ciclo de recuperação, do produtor ao consumidor ou à indústria, não deve durar mais de 3 dias.

Para preservar com sucesso a qualidade dos frutos durante a sua utilização, recomenda-se o cumprimento de algumas condições: a colheita e o manuseamento da embalagem são feitos com cuidado e, simultaneamente com a colheita, é também feita a pré-triagem para não depreciar os frutos; após a colheita, a pré-triagem será evitada tanto quanto possível para não depreciar os frutos; após a colheita, será evitado tanto quanto possível manter os frutos sob a ação do sol, vento, chuvas: após a colheita, os frutos serão pré-arrefecidos em meios de transporte refrigerados; a conservação deste grupo de frutos ocorre a baixas temperaturas (0°C) durante um período muito curto de 2-3 dias. As framboesas têm uma grande tolerância a concentrações elevadas de $CO_2$, mas só a baixas temperaturas é que as framboesas podem suportar concentrações até 20-25% de $CO_2$.

A maior parte dos frutos da framboesa são utilizados no final de junho. As framboesas destacam-se por serem ricas em levulose, ácido málico e ascórbico, e têm um aroma e sabor especiais. Os frutos são utilizados frescos e como matéria-prima na indústria transformadora para a produção de sumos, compotas, doces e marmelada.

As framboesas têm as seguintes propriedades: tónica, estomacal, apirética, diurética, refrescante, etc. a. A colheita é feita de manhã ou à tarde. Dado que as framboesas são muito perecíveis, são acondicionadas em cestos de plástico ou caixas de cartão com uma capacidade de 0,25-0,50 kg, que são depois colocadas em caixas de 1/1.

O armazenamento temporário pode durar 2-3 dias, é feito em condições de temperatura de -0,5 a 0°C e humidade relativa do ar de 85-90%. As framboesas podem ser armazenadas durante um máximo de 2-3 dias [14].

### II.1.2. Estudo da regulamentação técnica e das decisões governamentais relativas aos índices de qualidade da framboesa

De acordo com a Decisão do Governo n.º 929, de 31.12.2009, relativa à aprovação do Regulamento Técnico "Requisitos de qualidade e comercialização aplicáveis às frutas e produtos hortícolas frescos" [15], em todas as categorias, tendo em conta as disposições especiais previstas para cada categoria e as tolerâncias permitidas, os frutos de framboesa devem

J inteiro;

J sãos (são excluídos os produtos afectados por podridão ou com alterações que os tornem impróprios para consumo);

J limpo, praticamente sem matérias estranhas visíveis;

J com um aspeto fresco, mas não lavado;

J sem doenças;

J nenhum dano causado por doenças;

J nenhuma humidade externa anormal;

J sem cheiro e/ou sabor estranho.

As framboesas ou outros frutos da categoria em causa (morangos, faia) devem ser colhidos com cuidado e estar suficientemente desenvolvidos e maduros. O desenvolvimento e o estado das framboesas devem permitir-lhes:

J para ser resistente ao transporte e ao manuseamento;

J para chegar em condições satisfatórias ao local de destino [15].

As framboesas dividem-se em quatro categorias, definidas do seguinte modo

1) Categoria "Extra" - os morangos desta categoria devem ser de qualidade superior e característicos da respectiva variedade:

a) ter um aspeto saudável, tendo em conta as características da variedade;

b) não apresentar vestígios de terra;

c) não apresentar defeitos, com exceção de alterações superficiais muito pequenas ao nível da epiderme, desde que não afectem o aspeto geral do produto, a sua qualidade, conservação e apresentação na embalagem;

2) categoria I - os morangos desta categoria devem ser de boa qualidade e apresentar a cor e a forma características da variedade. No entanto, são admitidos os defeitos a seguir indicados, desde que não afectem o aspeto geral do produto, a qualidade, a conservação e a apresentação na embalagem:

a) ligeiro defeito de forma;

b) uma pequena zona branca que não ultrapassa um décimo da superfície do fruto;

c) ligeiros sinais superficiais de pressão;

d) devem estar praticamente isentos de vestígios de terra;

3) categoria II - morangos que não possam ser incluídos nas categorias superiores, mas que correspondam às características mínimas anteriormente definidas. As framboesas podem apresentar os defeitos a seguir indicados, desde que mantenham as características essenciais de qualidade, conservação e apresentação:

a) defeitos de forma;

b) uma zona branca cuja superfície não deve exceder um quinto da superfície do fruto;

c) ligeiras contusões secas que não são susceptíveis de evoluir;

d) ligeiros vestígios de sujidade;

4) categoria III - framboesas que não podem ser incluídas nas categorias "Extra", I e II, mas que correspondem às características mínimas previamente definidas [15].

De acordo com GOST 33915-2016, Framboesas frescas, Condições técnicas, as framboesas devem cumprir os requisitos desta norma, ser preparadas e embaladas em recipientes para consumo e/ou transporte de acordo com as instruções tecnológicas, de acordo com os requisitos estabelecidos pelos actos jurídicos regulamentares do Estado que adoptou esta norma. A qualidade organoléptica das framboesas deve corresponder às características e normas especificadas no quadro 2.1. [16].

O teor de elementos tóxicos, pesticidas, radionuclídeos, ovos de helmintos e quistos de protozoários patogénicos intestinais não deve ultrapassar as normas estabelecidas pelos actos jurídicos regulamentares do Estado que adoptou esta norma, HG 520/2010 [11] e HG 221/2009 [17 ].

**Tabela 2.5. Características organolépticas das framboesas de acordo com GOST 33915-2016 [16]**

| **Índices de qualidade** | **Característica e norma para a categoria de framboesa:** | | |
|---|---|---|---|
| | superior | primeiro | segundo |
| **Aspeto exterior** | Os frutos são frescos, maduros, que | e, limpo, saudável, sem humidade externa excessiva. | |
| | Os frutos têm a forma e a cor típicas de uma determinada variedade, no caso da framboesa silvestre - espécie. São permitidos ligeiros defeitos de superfície (ligeiros desvios de forma e cor), desde que não afectem o aspeto geral, a qualidade, a conservação e a apresentação do produto na | Os frutos têm a forma e a cor típicas de uma determinada variedade, no caso das framboesas silvestres, - espécie. São permitidas pequenas fugas de sumo e contusões, desde que não afectem | São permitidos ligeiros derrames de sumo e contusões, desde que a fruta mantenha as suas características de qualidade inerentes, mantendo a qualidade e a apresentação |

| | | | |
|---|---|---|---|
| | embalagem | o aspeto geral, a qualidade, a conservação e a apresentação do produto na unidade de acondicionamento | |
| **Maturidade e estado** | Pronto para consumo, permitindo resistência ao transporte, carga, descarga e entrega no destino | | |
| **Cheiro e sabor** | Característica da variedade (espécie - no caso das framboesas silvestres), sem cheiro e (ou) sabor estranhos. | | |

## Tabela 2.6. Características físico-químicas das framboesas de acordo com GOST 33915-2016 [16]

| **Índices de qualidade** | **Característica e norma para a categoria de framboesa:** | | |
|---|---|---|---|
| | superior | primeiro | segundo |
| A fração mássica de framboesas que não correspondem a esta categoria comercial, mas correspondem a uma categoria inferior, %, máx.<br>- incluindo não corresponde à segunda categoria | **5.0***<br>Não é permitido | **10.0**<br>**2.0** | 10.0<br>10.0 |
| A fração mássica de impurezas de origem vegetal, %, max | Não é permitido ** | **0.3** | **0.5** |
| A presença de impurezas minerais (areia, poeira, etc.) | Não é permitido | | |
| Presença de frutos secos cozidos a vapor, fermentados, bolorentos, podres e com vestígios de produtos químicos | Não é permitido | | |
| A presença de pragas agrícolas e os produtos da sua atividade vital | Não é permitido | | |

**NOTA:** * Incluindo no máximo 0,5% de frutos silvestres de segunda qualidade.

** Exceto folhas e galhos acidentais para framboesas silvestres

## II.2. Análise da gama de produtos de framboesa

A gama de produtos de framboesa é bastante extensa, começando por vários purés, magiuns, compotas de framboesa e terminando nos produtos de confeitaria, que incluem também a marmelada de framboesa.

Purés - produtos obtidos a partir de puré de frutos, hermeticamente fechados, conservados por métodos físicos [18]

## Tabela 2.7. Características organolépticas dos purés de framboesa [18]

| **Características** | **Condições de admissibilidade** |
|---|---|
| **Aspeto e consistência** | Massa homogénea, uniformemente triturada, de frutos ou bagaços, sem |

| | |
|---|---|
| | partículas fibrosas, caudas, sementes, caroços e peles, de consistência semi-fluida numa superfície horizontal. Condição admitida: gelificação da massa e separação do líquido, escurecimento da camada superior; presença de sementes no caso dos purés de framboesa |
| **Gosto e cheiro** | Natural, bem pronunciado, caraterístico das framboesas a partir das quais o puré é feito. Não são permitidos odores e sabores estranhos |
| **Cor** | Característica dos frutos após o tratamento térmico. É permitida uma tonalidade castanha para o puré de framboesa |

Pasta de fruta natural - produtos obtidos por concentração de purés de fruta hermeticamente fechados, conservados por métodos físicos ou químicos [18].

**Tabela 2.8. Características organolépticas da pasta de fruta natural [18]**

| **Características** | **Condições de admissibilidade** |
|---|---|
| **Aspeto e consistência** | Massa homogénea, uniformemente triturada, sem sementes, grãos, restos de pele e outras partículas grosseiras |
| **Gosto e cheiro** | Agradável, agridoce, com um aroma de framboesa bem pronunciado. Para as massas com um teor de matéria seca superior a 56%, é permitido um ligeiro sabor a caramelizado |
| **Cor** | Uniforme em toda a massa, caraterística das framboesas após tratamento térmico ou da mistura a partir da qual a massa foi fabricada. É permitido um escurecimento insignificante da camada superficial |
| **Consistência** | Untuoso |

Puré ou frutos picados com açúcar - produtos obtidos por esmagamento ou trituração de frutos ou de várias espécies de frutos ou maçãs com adição de açúcar, hermeticamente fechados, conservados por métodos físicos ou químicos [18].

**Tabela 2.9. Características organolépticas do puré de framboesa com açúcar [18]**

| **Características** | **Condições de admissibilidade** |
|---|---|
| **Aspeto e consistência** | Massa de framboesa homogénea, uniformemente triturada, sem partículas fibrosas, caudas, sementes, sementes e pele, com uma consistência fluida numa superfície horizontal. É permitida a presença de sementes isoladas e de partículas de pele, de inclusões moles e escuras. |
| **Gosto e cheiro** | Doce-azedo, agradável, caraterístico dos frutos a partir dos quais o produto é fabricado. Não são permitidos odores e sabores estranhos. |
| **Cor** | Característica da framboesa de que é feito. É admitida uma tonalidade castanha para o puré de framboesa. |

**Tabela 2.10. Características organolépticas das framboesas trituradas com açúcar [18]**

| Características | Condições de admissibilidade |
|---|---|
| Aspeto e consistência | Massa triturada de framboesas, sem restos de câmara seminal, caudas, sementes e caroços, de consistência fluida numa superfície horizontal. É permitida a gelificação da massa e uma separação insignificante da calda. |
| Gosto e cheiro | Doce-azedo, agradável, caraterístico da framboesa a partir da qual o produto é fabricado. Não são permitidos odores e sabores estranhos. |
| Cor | Característica da framboesa de que é feito. É admitida uma tonalidade castanha para o puré de framboesa. |

Molho - produtos obtidos a partir de puré ou fruta picada com adição de açúcar, sal, especiarias, aditivos alimentares, com ou sem adição de óleo, mostarda, hermeticamente fechados, conservados por métodos físicos ou químicos [18].

**Tabela 2.11. Características organolépticas do molho de framboesa [18]**

| Características | Condições de admissibilidade |
|---|---|
| Aspeto e consistência | Massa em forma de puré, homogénea, uniformemente triturada, sem sementes, restos da câmara seminal e da pele, que se espalha numa superfície horizontal. É permitida: a presença de especiarias finamente picadas, pedaços de alho com um tamanho de 1 a 2 mm; estratificação insignificante; escurecimento insignificante da camada superior; a presença de sementes individuais e fragmentos de pele, inclusões escuras |
| Gosto e cheiro | Agradável, picante, com um aroma bem pronunciado a framboesas, alho e especiarias utilizadas. Para molhos à base de mostarda e com adição de mostarda - forte, com predominância do sabor e do aroma específicos da mostarda |
| Cor | Adequado para framboesas após processamento térmico ou para as misturas a partir das quais os molhos foram feitos. É permitida a tonalidade castanha. |

Doce - mistura de consistência gelatinosa ou untuosa, obtida a partir da polpa e/ou puré de uma ou mais espécies de frutos, açúcares e água, conservada por métodos físicos ou químicos [18].

**Tabela 2.12. Características organolépticas dos doces de framboesa [18]**

| Características | Condições de admissibilidade para as compotas com as seguintes quali | | | laços |
|---|---|---|---|---|
| | superior | superior | primeiro | sem indicar a qualidade |
| Aspeto e consistência | Massa gelatinosa de frutos inteiros ou esmagados, mas sem casca, que não se espalha ou que se espalha | Massa untuosa de frutos inteiros ou cortados, mas não pelados, que se espalha de forma insignificante | Massa untuosa de frutos inteiros ou picados ou em puré, que se espalha de forma insignificante | Massa gelatinosa de puré de frutos não amadurecidos, que se espalha de forma insignificante |

| | | | | |
|---|---|---|---|---|
| | de forma insignificante na horizontal superfície | numa superfície horizontal | numa superfície horizontal | numa superfície horizontal |
| | | Para compotas com baixo valor energético - são permitidas uma estrutura e consistência suaves | | |
| | | A massa líquida numa superfície horizontal é permitida para o doce de framboesa | | |
| **Cheiro e sabor** | Características dos frutos a partir dos quais o doce é fabricado. P ou doce-azedo. Não são permitidos odores e sabores estranhos | | | sabor fácil, doce |
| | | | São permitidos sabores e odores menos pronunciados , sabor ligeiramente percetível a açúcar caramelizado | |
| **Cor** | Homogéneo, correspondendo aos frutos a partir dos quais o | | | lam é feito |
| | | Permitido para compotas de fruta de cor clara | | |
| | | tom castanho claro | tom castanho | |
| | | frutos de polpa escura | | |
| | | | tom castanho avermelhado | |

Doce - produto de consistência gelatinosa, obtido por cozedura de uma ou mais espécies de frutos ou polpas inteiras ou cortadas com açúcar, conservado por método físico ou químico [18].

**Tabela 2.13. Características organolépticas dos doces de framboesa [18]**

| **Características** | **Condições de admissibilidade para a qualidade** | **y jams** |
|---|---|---|
| | superior | primeiro |
| **Aparência e consistência** | Massa gelificada com pedaços de fruta com maçãs distribuídas. Semi-fluido r para compotas de framboesa. A açucaragem não é uma | h ou sem pele ou com pele inteira ou em pedaços sobre uma superfície lisa é permitida |
| **Cheiro e sabor** | Bem pronunciado, caraterístico dos frutos a partir dos quais a compota é feita | Características dos frutos a partir dos quais o doce é fabricado |

| | | |
|---|---|---|
| | Não são permitidos cheiros e sabores estranhos | |
| | | É permitido um ligeiro sabor a caramelização |
| **Cor** | Homogéneo, correspondente aos frutos de que é feito o doce. É permitida uma tonalidade castanha clara para os doces de fruta de cor clara | |
| | | A tonalidade castanho-avermelhada é permitida para o doce de frutos de polpa escura |

Geleia - mistura de consistência gelatinosa, feita de sumo e/ou extractos aquosos de uma ou mais espécies de frutos e açúcares, conservada por métodos físicos ou químicos [18].

**Tabela 2.14. Características organolépticas da geleia de framboesa [18]**

| **Características** | **Condições de admissibilidade das geleias de qualidade** | | | |
|---|---|---|---|---|
| | **extremamente** | **superior** | **primeiro** | **sem indicar a qualidade** |
| **Aspeto exterior** | Massa transparente, com/sem partículas de casca de citrinos em suspensão, sem bolhas de ar e sem espuma | Massa transparente, sem partículas em suspensão, bolhas de ar e espuma | Mesa com uma ligeira perturbação. São permitidas bolhas de ar e espuma | Massa transparente, com/sem partículas de casca de citrinos em suspensão, sem bolhas de ar e sem espuma |
| **Consistência** | Massa homogénea, gelatinosa, que mantém a sua forma numa superfície horizontal (após desembalagem), com uma superfície delimitadora clara quando cortada com uma faca | | Massa gelificada de consistência mais mole, colada às paredes da embalagem | Massa homogénea, gelatinosa, que mantém a sua forma numa superfície horizontal depois de desdobrada |
| | Não é permitido o uso de açúcar. | | | |
| **Cheiro e sabor** | Agradável, bem pronunciado, caraterístico dos frutos a partir dos quais a geleia é fabricada. Não são permitidos odores e sabores estranhos | | Agradável, menos pronunciado, caraterístico dos frutos a partir dos quais a geleia é feita | |
| | | | | |
| | | | | |
| **Cor** | Homogeneidade | | Homogéneo, com uma tonalidade mais escura na superfície | |
| | | Permitido para as geleias: | | |
| | | de frutos de cor clara - tom | de frutos de cor clara - tonalidade castanha; de frutos com polpa escura | |

| | | castanho claro | - tonalidade castanha-avermelhada |
|---|---|---|---|

Magiun - produto denso, de consistência untuosa, gelatinoso ou não, obtido pela fervura do puré de uma ou mais espécies de frutos ou da sua mistura com açúcar, conservado por método físico ou químico [18].

**Tabela 2.15. Características organolépticas do doce de framboesa [18]**

| Características | Condições de admissibilidade da qualidade | |
|---|---|---|
| | **superior** | **primeiro** |
| **Aspeto exterior** | Puré de massa homogénea sem sementes, casa seminal, miolo e pedaços de pele não esmagados. É permitida: a presença de células de núcleo duro no magiun de pêras, marmelos, groselhas negras e nos magiuns elaborados com a utilização de purés dos frutos indicados; a presença de sementes de maçã simples nos magiuns cuja composição inclua purés de framboesa | |
| **Gosto e cheiro** | Sabor agridoce, cheiro caraterístico do puré a partir do qual é fabricado o magiun. Sabor e cheiro bem pronunciados. Não são permitidos cheiros e sabores estranhos | |
| | | São permitidos o paladar e o olfato fracos |
| **Cor** | Característica da cor do mosto ou da mistura de mosto a partir da qual o magiun é fabricado. É permitido: | |
| | - para magiun de frutos de cor clara | |
| | tom castanho claro | tons castanhos |
| | - para o magiun de frutos negros: | |
| | | Tom castanho avermelhado |
| **Consistência** | Massa untuosa densa. Para o magiun de frutos de caroço - massa gelatinosa ou não gelatinosa, untuosa, não fluida numa superfície horizontal. Não é permitida a adição de açúcar. | |

Doce - produto feito de uma ou mais espécies de frutos inteiros ou cortados, cozidos em calda de açúcar, conservados por métodos físicos ou químicos [18]

**Tabela 2.16. Características organolépticas do doce de framboesa [18]**

| Características | Condições de admissibilidade da qualidade | | |
|---|---|---|---|
| | **extremamente** | **superior** | **primeiro** |
| **Aspeto exterior** | Frutos ou partes de frutos, de tamanho uniforme, que foram distribuídos uniformemente em calda de açúcar não gelificada. Sugerir em frascos com doce de framboesa uma camada de calda sem | | não enrugados, não é permitido o seu enrugamento. Frutos permitidos, em cm, no máximo: |
| | **1.5** | **2.0** | **2.5** |
| | dos outros tipos de matérias-primas | | |
| | **1.0** | **1.5** | **2.0** |
| | Permitido em compotas de frutos de caroço, frutos com pele rachada, %, máx: | | |
| | - | **10** | **25** |

| Cheiro e sabor | Odor agradável, bem pronunciado, caraterístico dos frutos a partir dos quais o doce é fabricado | Odor agradável, caraterístico dos frutos a partir dos quais o doce é fabricado |
|---|---|---|
| | Sabor doce ou agridoce. Não são permitidos cheiros e sabores estranhos. | |
| Consistência | Frutos bem cozinhados, mas não cozidos, em calda não gelificada. É permitido: a ligeira gelificação da calda nos doces de framboesa; no doce de framboesa - frutos cozidos, %, máx: | |
| | 15 20 | 35 |
| Culoare | Homogéneo, correspondendo à cor do fruto a partir do qual o doce é feito. Para o doce de nozes - do amarelo escuro ao castanho escuro com uma tonalidade púrpura. Para a doçura de pétalas de rosa - do rosa claro ao rosa escuro | |
| | | são permitidas pétalas castanhas claras |

Fruta cristalizada - produto feito de fruta inteira ou cortada, cozida em calda de açúcar, parcialmente seca, polvilhada com açúcar ou glaceada em calda de açúcar [18].

**Tabela 2.17. Características organolépticas das framboesas cristalizadas [18]**

| Características | Características e condições de admissibilidade da qualidade | |
|---|---|---|
| | **superior** | **primeiro** |
| **Aspeto exterior** | Frutos inteiros ou partes de frutos, de tamanho e forma homogéneos, dentro dos limites de cada tipo de fruto, polvilhados com açúcar ou glaceados, ou em calda, não fundidos. | |
| | | São admitidos frutos: sem polvilhar com açúcar e sem cobertura; ligeiramente fundidos, facilmente separáveis; cerejas murchas, cerejas, ameixas, cerejas e groselhas pretas por 100 frutos ou maçãs, pedaços, máx. 15. |
| | É permitida: a presença de frutos com desvios em relação às dimensões indicadas e forma não homogénea, por 100 frutos ou bagaços, pedaços, no máximo: | |
| | 5.0 | não está regulamentado |
| | em cerejas estufadas, cerejas, ameixas, tojos sem caroço, frutos de caroço, peças em kg, máx. 3. | |
| **Gosto** | Doce ou agridoce, caraterístico dos frutos utilizados. Não é permitido qualquer sabor estranho. | |
| **Cor** | Semelhante à cor natural do fruto a partir do qual são fabricados | |
| | | É admitido um ligeiro branqueamento pontilhado, resultante da açucaração do fruto |
| **Consistência** | Duros, mas não duros, sem grumos de açúcar cristalizado, frutos cozidos de forma homogénea e fáceis de cortar. | |

Marmelada - mistura levada à consistência de gel, feita a partir de água, açúcares e um ou mais produtos obtidos pelo processamento de citrinos: polpa, puré, sumo, extrato aquoso e casca, conservada por método físico ou químico [18].

**Tabela 2.18. Características organolépticas da marmelada de framboesa [18]**

| Características | Condições de admissibilidade |
|---|---|
| **Aspeto e consistência** | Produto de consistência gelificada, com inclusões de caroço e casca de citrinos. Para marmelada-gelatina - consistência gelatinosa, transparente, com pequenas quantidades de casca de citrinos triturada. |
| **Gosto e cheiro** | Sabor agradável, cheiro caraterístico dos frutos de que é feita a marmelada. Sabor e cheiro bem pronunciados. Não são permitidos odores e sabores estranhos |
| **Cor** | Característica da cor do fruto a partir do qual é feita a marmelada |

Rebuçados - produtos obtidos a partir de açúcar refinado, xarope de glucose, produtos de cacau, amendoins, amêndoas de nozes, produtos lácteos, aromas e corantes alimentares, outros ingredientes. Os rebuçados podem ser vidrados, não vidrados ou moldados.

Bombom de chocolate ou praliné - produto do tamanho de uma única dentada, constituído por: chocolate recheado ou um único tipo de chocolate ou uma combinação de diferentes tipos de chocolate e outros ingredientes, de modo a que o chocolate represente pelo menos 25% do peso total do produto [19].

**Tabela 2.19. Características organolépticas dos rebuçados de framboesa [19]**

| Indicador | Condições de admissibilidade |
|---|---|
| **Gosto e cheiro** | Características do respetivo produto, condicionadas pelos ingredientes admissíveis, de acordo com o documento normativo para o respetivo produto, sem sabor e cheiro estranhos |
| **Aspeto exterior** | Correspondente ao documento normativo do respetivo produto. Os rebuçados glaceados devem ser cobertos por uma camada uniforme ou ligeiramente ondulada, sem aglomerações consideráveis no fundo do produto. Os corpos dos rebuçados podem conter: uma única massa de rebuçado; duas ou mais massas de rebuçado (misturadas, em camadas). A superfície deve ser brilhante para os rebuçados vidrados, ondulada - para os rebuçados feitos de massa de chocolate com ou sem um padrão em relevo. A superfície pode ser coberta, total ou parcialmente, com vários produtos semi-acabados. São permitidas superfícies descobertas insignificantes na parte inferior do produto. Os rebuçados não vidrados devem ter uma superfície seca e não pegajosa |
| **Formulário** | Diversos por produto. Para os rebuçados fabricados por prensagem, com posterior corte dos fios, é permitido o desnivelamento do corte |

Caramelos - produtos obtidos a partir de açúcar refinado, xarope de glucose, com ou sem aditivos. Os produtos lácteos, o café, os produtos à base de cacau, as amêndoas de nozes, o óleo de coco, os aromas e corantes alimentares e outros ingredientes podem ser utilizados como aditivos [19].

**Tabela 2.20. Características organolépticas dos caramelos de framboesa [19]**

| Indicador | Condições de admissibilidade |
|---|---|
| **Gosto e cheiro** | Específico para o nome de caramelo, sem sabor e cheiro estranhos. Os caramelos com teor de gordura não devem ter um sabor frio ou outro sabor desagradável. Os recheios de fruta e maçã não devem ter sabor a queimado |
| **Cor** | Especifica o nome do caramelo. Cor homogénea. Dependendo do nome do caramelo, este é colorido numa cor ou em várias cores (bandas, linhas, etc.) |
| **Superfície** | Seco, sem fissuras nem manchas, liso ou com relevo. O caramelo polvilhado deve ser coberto com uma camada uniforme de açúcar granulado branco ou colorido, açúcar em pó, cacau em pó, miolo de noz picado, drageias coloridas ou outras substâncias polvilhadas. No caso dos caramelos polvilhados em dispositivos de ação contínua, é permitida uma fragmentação insignificante dos cristais de açúcar.<br>Os rebuçados não embalados com a superfície tratada para proteção não devem apresentar grumos.<br>Os caramelos, modelados na máquina de moldar, devem ter uma superfície lisa ou com relevo. Não são permitidas costuras abertas nem vestígios de recheio na superfície do caramelo.<br>Para os caramelos fabricados em máquinas de moldagem e embalagem, em máquinas de laminagem, bem como para os caramelos com recheio, com a massa de caramelo em camadas, são permitidos o desenho esbatido, fissuras insignificantes e bordos quebrados, e para os caramelos com recheio - a casca de caramelo não é fechada na linha de corte.<br>Os caramelos vidrados devem ter uma superfície ondulada ou lisa. É autorizada uma transparência insignificante da parte inferior do corpo no interior do caramelo e a danificação da superfície durante o fabrico dos caramelos vidrados |
| **Formulário** | Específico para o respetivo produto, sem deformação. São permitidas deformações insignificantes e cortes irregulares nos caramelos fabricados nas máquinas de moldagem e embalagem |

Tabletes doces - produto de confeitaria, obtido a partir de gorduras, equivalentes de manteiga de cacau ou substitutos não láuricos da manteiga de cacau, açúcar, produtos de cacau, com ou sem outros ingredientes [19].

**Tabela 2.21. Características organolépticas dos comprimidos de framboesa doce [19]**

| Indicador | Condições de admissibilidade |
|---|---|
| **Gosto e** | Características do respetivo produto e condicionadas pelos ingredientes |

| | |
|---|---|
| cheiro | mencionados no documento normativo do respetivo produto, sem sabor e cheiro estranhos |
| **Aspeto exterior** | A superfície exterior é uniforme e mate. Nos comprimidos com adições consideráveis de amendoins inteiros, grosseiramente moídos, bolachas esmigalhadas, etc., é permitida uma superfície irregular. São permitidos produtos com rasgões: máximo 4,0% - para comprimidos com recheio; máximo 2,0% - para comprimidos com adições consideráveis. Para os produtos não embalados vendidos na balança, são permitidas quebras no tamanho de 1/3 do produto, as quebras com tamanhos menores não devem exceder 3,0%. São permitidos defeitos insignificantes que não afectem o aspeto exterior do produto: esfarelamentos, bolhas, riscos, pedaços partidos, penetração da fase líquida do recheio na superfície |
| **Formulário** | Diversidade |
| **Consistência** | Sólido |

Tablet - um produto com uma cobertura moldada, de pequenas dimensões e várias formas [19].

**Tabela 2.22. Características organolépticas das drageias de framboesa [19]**

| **Indicador** | **Condições de admissibilidade** |
|---|---|
| **Gosto e cheiro** | Correspondente ao documento normativo para o respetivo produto, características do respetivo produto, sem sabor e cheiro estranhos |
| **Cor** | Uniforme, bem pronunciado, sem manchas, diverso - de acordo com o documento normativo do respetivo produto |
| **Aspeto exterior** | Correspondente ao documento normativo do respetivo produto. Para drageias polidas - superfície lisa e brilhante. Para drageias com núcleo de passas - superfície rugosa, brilhante ou mate. Para drageias polvilhadas - a polvilhagem com açúcar refinado deve ser uniforme. São permitidas superfícies descobertas insignificantes na parte inferior do produto. Os produtos vidrados devem ser cobertos por uma camada uniforme ou ligeiramente ondulada, sem aglomerações consideráveis na parte inferior. As drageias não vidradas devem ter uma superfície seca. São permitidas pequenas fissuras na superfície do vidrado e nos produtos não vidrados. São permitidas aderências insignificantes do amido para modelação na superfície do núcleo das drageias |
| **Formulário** | Diferente. É permitida uma forma irregular para drageias com núcleo de geleia, geleia de frutos, cereais, núcleo de nozes |

Pastilha - produto de confeitaria, obtido a partir de puré de fruta e maçã, açúcar, agente espumante, com ou sem adição de gelificante [19].

**Tabela 2.23. Características organolépticas do produto pastilha de framboesa [19]**

| **Indicador** | **Condições de admissibilidade** |
|---|---|
| **Gosto e cheiro** | Específico para o respetivo produto, sem sabor e cheiro estranhos. Não são permitidos o cheiro a dióxido de enxofre, o sabor e o cheiro pronunciados dos aditivos alimentares utilizados |

| Cor | Especificamente para esse produto, uniforme. Para o produto fabricado à base de pectina, amido gelificante, algas marinhas, é permitida uma tonalidade cinzenta |
|---|---|
| **Consistência** | Suave, fácil de rasgar. Os produtos fabricados com pectina e vários aditivos esticam um pouco. O produto fabricado com gelatina e amido gelificante estende-se |
| **Formulário** | Vários, específicos para o respetivo produto |
| **Suprafafa** | Específico para esse produto. Os produtos vidrados devem ser cobertos com uma camada uniforme de vidrado, sem grumos. São permitidas superfícies não cobertas insignificantes. É permitida uma ligeira transparência na parte inferior do produto |

Frutos secos - alimentos preparados a partir de frutos que preservam a identidade das respectivas espécies, apresentados em formas definidas, desidratados por processos naturais ou artificiais, ou por combinação dos mesmos para remover uma maior parte do seu conteúdo de água, incluindo frutos secos naturalmente.

Fruta liofilizada (seca por sublimação) - alimento preparado a partir de fruta, que preserva a identidade da respectiva espécie, apresentada inteira, dividida, cortada ou triturada, submetida ao processo de "liofilização (sublimação)", no qual a água cristalizada é retirada do produto congelado por sublimação do gelo

.

Puré de fruta liofilizado (desidratado por sublimação) - alimento preparado a partir de polpa de fruta, triturada por processos mecânicos e desidratada por sublimação, apresentado sob a forma de pó ou camadas [8].

**Tabela 2.24. Características organolépticas do puré de framboesa/framboesa liofilizada [8]**

| O nome das indicações | Condições de admissibilidade |
|---|---|
| **Aspeto e forma** | Frutos inteiros, divididos ou cortados: forma caraterística dos frutos frescos, tendo em conta a sua forma de apresentação; puré: pó friável ou camadas com formas irregulares; mistura de frutos: pedaços de componentes unitários uniformemente dispersos numa mistura, conservando geralmente a forma |
| **Cor** | Característica do fruto fresco a partir do qual os produtos foram preparados |
| **Textura** | Fragilidade |
| **Gosto e cheiro** | Características dos frutos frescos a partir dos quais foram preparados, sem sabor e cheiro estranhos |
| **Aspeto, textura, sabor e cheiro após reidratação** | Mistura de frutos: caraterística de produtos similares preparados a partir de legumes frescos, sem sabor e cheiro estranhos; puré: massa homogénea caraterística do puré enlatado com o mesmo nome |

Sobremesas de frutos secos - alimentos preparados a partir de polpa de frutos ou de frutos misturados com ingredientes compatíveis antes ou depois da secagem, cortados e prensados numa forma definida, que pode ser coberta com uma fina camada comestível; as sobremesas podem ser submetidas a um tratamento térmico adicional para garantir a estabilidade microbiana do produto. O facto de as sobremesas conterem outras substâncias não afecta a denominação específica atribuída ao produto, desde que este conserve as propriedades essenciais dos frutos secos; certos legumes secos podem ser incluídos nas sobremesas de frutos [8].

**Tabela 2.25. Características organolépticas das sobremesas de framboesa desidratada [8]**

| O nome das indicações | Condições de admissibilidade |
|---|---|
| Aspeto e forma | Briquetes de forma retangular, obtidos por prensagem de frutos inteiros ou meio cortados ou picados, com ou sem adição de nozes picadas. Os briquetes cobertos com um revestimento de qualidade alimentar são caracterizados por uma superfície brilhante |
| Cor | Característica dos frutos secos ou legumes a partir dos quais foram preparados; em receitas com frutos secos - com introduções de cor clara de pedaços de frutos secos |
| Gosto e cheiro | Agradável, doce ou agridoce, sem sabor e cheiro estranhos |
| Textura | As sobremesas devem ser fáceis de mastigar |

## II.3. Tecnologias de produção e métodos de obtenção de produtos de framboesa

As conservas deste grupo são feitas de frutos ou produtos semi-acabados (puré, sumos) cozidos com açúcar até à massa de substâncias secas 62-83%. O açúcar proporciona determinadas propriedades gustativas e condições de conservação osmótica.

A gama de conservas inclui: compota, compota, compota, compota, geleia. Devido ao aumento do teor de pectina na fruta, ou à adição de pectina, as conservas têm uma consistência gelificada. A qualidade dos produtos gelificados depende da quantidade e da qualidade da pectina. Quanto maiores forem as moléculas de pectina, quanto mais grupos metoxilo contiverem, melhores serão as propriedades de gelificação e mais gelificado será o produto.

Diferentes frutos contêm pectina com um grau de esterificação mais elevado, superior a 50. A pectina com um baixo grau de esterificação (29-35) é obtida por fermentação ácida ou hidrólise básica da matéria-prima com um teor elevado de pectina. A utilização de pectina com um baixo grau de esterificação na produção assegura a redução do consumo de açúcar para 40-60%.

Só se obtêm geleias, compotas e marmeladas de qualidade quando o teor de pectina da fruta é superior a 1%, a acidez total é de 1% e o pH = 3,2-3,4, a quantidade de açúcar é de 65%. Os agaroides, obtidos a partir de algas marinhas, são utilizados como material gelificante. Os produtos fabricados com agaroides não necessitam de açúcar e ácidos. A concentração de agaroides no produto é de 0,2-0,8% [14].

### 11.3.1. Tecnologia de fabrico de geleia de frutos de framboesa

Os sumos frescos, sulfatados e concentrados e os xaropes são utilizados como matéria-prima. Os sumos sulfatados são aquecidos antes do fabrico da geleia para remover o dióxido de enxofre.

Antes de iniciar a produção da geleia, é efectuada a cozedura experimental para determinar a quantidade de pectina e de ácidos necessária para a gelificação. A geleia é fervida em máquinas de vácuo ou em caldeiras duplicadas. Adicionar sumo clarificado, açúcar e albumina (4 g por 100 kg para clarificação), ferver a 34-41 kPa de pressão, 70-80°C de temperatura durante 30 min. No final da ebulição, adicionar ácido cítrico em soluções a 50%. A massa de substâncias secas para geleias pasteurizadas - 65%, para geleias não pasteurizadas - 68%.

Se a geleia for feita com a adição de pectina, então a solução de pectina é preparada misturando pectina em pó com açúcar numa proporção de 1:5. O composto obtido é dissolvido em água quente a uma temperatura de 45°C numa proporção de 1:20 e mantido durante 24 horas. Após o inchaço da pectina, a solução é lasitrada e doseada no sumo, sendo depois concentrada a 67-68% para a geleia pasteurizada e a 70-71% para a geleia não pasteurizada. No final da ebulição, são adicionadas soluções de ácido cítrico a 50% [14].

Os seguintes factores influenciam a formação da geleia:

- teor de pectina não inferior a 1%;
- teor de ácidos orgânicos não inferior a 1%, pH = 3,2-3,4;
- teor de açúcar 35-66% consoante o grau de esterificação;
- o teor de iões metálicos bivalentes (Ca++, Mg++), a relação entre hidratos de carbono, ácidos e pectina;
- temperatura óptima de ebulição 70-80°C e pressão 34 - 41 kPa;
- tempo de gelificação 48 horas [14].

A geleia é caracterizada pelos processos de tixotropia e sinérese. Durante a ebulição, a formação da geleia ocorre devido à ação intermolecular da pectina. A mistura da massa destrói esta ligação entre as moléculas e a geleia também é destruída. A paragem do processo de amassadura leva novamente à formação de geleia. O processo de destruição mecânica e de formação da geleia devido à ação intermolecular da pectina é designado por tixotropia.

A estrutura da geleia deformada antes da ebulição ou durante a ebulição é completamente restaurada. A estrutura da geleia deformada após a fervura praticamente não é restaurada. Durante o armazenamento a longo prazo, a geleia forma fissuras na superfície, grânulos de água, crosta seca. Estes são os primeiros sintomas de destruição da geleia. O processo de destruição da geleia chama-se sinérese e é causado pelos seguintes factores

- aumento da temperatura de armazenamento;
- a presença de vibrações mecânicas durante a armazenagem;
- incumprimento rigoroso da relação pectina-açúcar-ácidos;
- aumento da temperatura durante a cozedura da geleia;
- falta da quantidade necessária de iões bivalentes [14].

A geleia é vertida a uma temperatura de 85-90°C numa embalagem pequena até 500 ml e pasteurizada a uma temperatura de 95°C durante 10 minutos. As embalagens com gelatina pasteurizada e não pasteurizada são mantidas na vertical durante 48 horas para arrefecer e gelificar. O produto acabado apresenta uma massa gelatinosa transparente, com o sabor e o aroma específicos da matéria-prima. A massa de substâncias secas, a acidez total, o teor de açúcar e os metais pesados são regulados no produto.

Os sortidos de frutas em geleia são feitos com pectina com um baixo grau de esterificação. Esta variedade contém 30-35% de açúcar e é submetida a pasteurização, sendo vertida a uma temperatura de 70-75°C com conservantes químicos, que asseguram uma estabilidade de armazenamento a longo prazo [14].

### 11.3.2. Tecnologia de fabrico do Raspberry magiun

Magiun apresenta puré de fruta misturado com açúcar, fervido até à massa de substâncias secas 62-69%, vertido, selado e pasteurizado ou esterilizado.

O puré de fruta é feito de acordo com a tecnologia clássica. Com base no cálculo dos componentes, a relação açúcar: puré é de 1:1,25 para o magiun embalado em frascos e barris e de 1:1,8 para o magiun embalado em caixas. A massa da substância seca (SU) da base do puré é de 11%. Se a massa da substância seca for inferior no puré, a quantidade necessária de puré é recalculada para SU = 11%. Se a massa da SU > 11%, o recálculo deixa de ser efectuado [14].

Em máquinas de vácuo, medir o puré e o açúcar, misturar intensamente. A massa obtida é fervida a uma pressão de 21-8 kPa a uma temperatura de 45-55°C até a massa SU = 68%. O licor é aquecido a 100°C para destruir os microrganismos, depois arrefecido a 5060°C no caso de embalagem em barris ou caixas e a 70°C. No caso de embalagem em frascos de vidro ou latas.

O arrefecimento tem lugar numa caldeira de vácuo. A magia embalada num pequeno pacote hermético é esterilizada a 100°C durante 20-25 min.

A embalagem da magia nas caixas de estanho n.º. 14, 15 é efectuada por moldagem a quente a uma temperatura de 85-90°C. A magia pode ser embalada em sacos de plástico com um peso de 10 kg.

Qualidade. São regulamentados os seguintes índices de qualidade: massa de substâncias secas 66%, açúcar > 60%, acidez total 0,2-1,0% (recalculada para ácido málico), teor de metais pesados, teor de conservantes químicos - ácido sulfúrico - 0,07% , ácido sórbico - 0,05% [14].

### 11.3.3. Tecnologia de fabrico de compota, confiture de framboesas.

A compota apresenta frutos uniformes em xarope de açúcar gelificado. O teor de pectina é determinado nos frutos destinados ao fabrico de compota e geleia. São extraídos 5-10 $cm^3$ de sumo da matéria-prima à qual são adicionados 30 cm de álcool a 96% ou acetona. Se se formarem coágulos e flocos no sumo, em todo o volume, a matéria-prima é caracterizada pelo teor de pectina necessário; se se formarem raros flocos no volume, isso significa que o teor de pectina é baixo e que deve ser adicionada uma solução de pectina durante a fervura.

No fabrico de compotas, podem ser utilizados produtos semi-acabados de fruta fresca, congelada e sulfitada. As compotas são feitas a partir de frutos sem caroço e de frutos com sementes descascadas e sem vagens.

Os frutos preparados para o fabrico são doseados em aparelhos de ebulição a vácuo, adiciona-se 10% de xarope de açúcar e são escaldados a uma temperatura de 100°C, à pressão atmosférica. A protopectina transforma-se em pectina solúvel e o processo de gelificação é acelerado. Adiciona-se açúcar de acordo com a receita ou 70-75% de xarope de açúcar aos frutos escaldados e a massa obtida é submetida a ebulição sob vácuo. No final da fervura, adiciona-se sumo gelificado, soluções de pectina e ácido cítrico a 50%, conforme necessário [14].

A fervura é interrompida quando o SU atinge 69% para o doce esterilizado e SU = 73% para o doce pasteurizado. Durante a fervura do doce, pode organizar-se a captura de substâncias aromáticas, que regressam ao produto no final do processo de fervura - antes de ser vertido na embalagem. O doce é vertido a uma temperatura de >70°C em embalagens com uma capacidade inferior a 1000 ml. Antes de deitar, adiciona-se 0,05% de ácido sórbico ao doce destinado a ser embalado em embalagens de polímero. O doce é esterilizado a 100°C.

A compota apresenta frutos em sumo gelificado não homogéneo em termos de forma e tamanho. Durante a cozedura a vácuo, adiciona-se à compota pectina em pó ou solução de pectina, açúcar e ácido cítrico. A massa é fervida até que a concentração de substâncias secas seja de 5758%. No doce embalado em embalagens de polímero, adiciona-se 0,06% de ácido sórbico numa solução a 10% preparada com base em xarope de açúcar com SU = 70% a uma temperatura de 8085°C.

Qualidade. O doce é de qualidade superior e de primeira categoria. A massa de substâncias secas é regulada em 68% - doce esterilizado, 70% - doce pasteurizado, o teor de hidratos de carbono correspondente 62 e 65%, ácido cítrico 0,05%, dióxido de enxofre (para a primeira categoria de qualidade) - 0,01% e o teor de metais pesados [14].

### 11.3.4. Tecnologia de produção de compota de framboesa.

O doce é composto por fruta em calda de açúcar não gelificada com uma massa de matéria seca de 68-73%. O rácio fruta xarope é de 1:1.

Para o fabrico da compota, utilizam-se frutos inteiros e cortados ao meio, nozes verdes, meloa, cenoura, tomates verdes e, claro, framboesas. No fabrico são utilizados açúcar, melaço, ácidos orgânicos alimentares, especiarias - canela, cravinho, vanilina.

Preparação da matéria-prima. Os frutos são lavados, separados, inspeccionados e depois seleccionados de acordo com o tamanho, a cor e o estado de maturação. Um papel especial no processo de fabrico de compota é desempenhado pelo processamento térmico dos frutos antes da fervuraescaldagem com vapor ou água quente a 80-100°C com a adição de 0,1% de ácido cítrico ou tartárico. Durante a escaldagem, ocorre a inativação das proteínas da membrana citoplasmática, a formação de poros artificiais, a remoção do ar [16].

Cozedura da compota. Como a relação fruta xarope é de 1:1, existe sempre o problema do excesso de calda aquando da cozedura. Para resolver este problema, foi introduzida a noção de coeficiente de forma, volume, que apresenta a relação entre o volume dos frutos após a fervura V2, e o volume dos frutos antes da fervura V1 - K = V2 : V1.

Se o coeficiente K = 1, então todo o xarope será utilizado para embalar. Se o coeficiente K for inferior em 0,1 - aquando do acondicionamento obter-se-á um excedente de xarope - 25%, se K = 0,2 - obter-se-á um excedente de xarope de 50%. O coeficiente de forma e o excedente de xarope são determinados pelos processos de difusão e osmose durante a ebulição [14].

A difusão mostra a penetração do açúcar do xarope no fruto, enquanto a osmose assegura a remoção do sumo celular do tecido durante a fervura. A cozedura do doce é regulada de forma a que o processo de difusão prevaleça sobre o processo de osmose, de modo a que se acumule mais açúcar no produto do que o sumo retirado das células. Estas condições podem ser satisfeitas aumentando a temperatura de ebulição. Ao aumentar a temperatura, a viscosidade diminui, o xarope penetra mais intensamente na célula, a temperatura pode ser aumentada até à temperatura de ebulição. À temperatura de ebulição, a água transforma-se em vapor, a pressão na célula aumenta consideravelmente, o processo de osmose prevalece, o sumo é removido da célula.

A fim de manter o processo de difusão predominante, a ebulição tem lugar num aparelho de vácuo num regime oscilante. A temperatura do produto é aumentada gradualmente a baixas pressões (no vácuo). O açúcar entra na célula. À temperatura máxima, o aquecimento do aparelho é interrompido, o produto arrefece sob a ação de baixas pressões, forma-se um vácuo na célula, o açúcar penetra mais intensamente na célula [14].

A difusão do açúcar pode ser activada por diferentes métodos:

- manter os frutos antes de os ferver a baixa pressão;
- cozer o doce em modo oscilante;
- manter os frutos durante 3-4 horas em calda de açúcar a 25-75% a uma temperatura de 70-80°C;
- polvilhar com açúcar granulado algumas macieiras, morangos, framboesas.

Na produção, a geleia pode ser fabricada pelos seguintes métodos: ebulição em fase única, ebulição em várias fases à pressão atmosférica e ebulição em várias fases no vácuo.

Ebulição numa única etapa à pressão atmosférica ou sob vácuo - os frutos são embebidos em xarope de açúcar como resultado da sua difusão durante a ebulição contínua até à massa de substâncias secas finais.

Cozedura da compota em várias fases à pressão atmosférica. Os frutos são fervidos durante 5 a 15 minutos, depois arrefecidos gradualmente até à temperatura ambiente, novamente aquecidos até à ebulição, fervidos durante 5 a 15 minutos e depois novamente arrefecidos. O ciclo de fervura e arrefecimento é repetido 2 a 5 vezes, consoante o tipo de frutos, legumes ou maçãs.

Cozedura da compota em várias fases sob vácuo. Os frutos e o xarope são doseados na panela de vácuo. A temperatura e a pressão flutuam. A ebulição é efectuada à pressão atmosférica ou no vácuo a P = 75-85 kPa, o arrefecimento - como resultado de uma diminuição da pressão P = 21-48 kPa. Durante o arrefecimento, o agente térmico (vapor) é desligado (o aquecimento é interrompido). À medida que a pressão diminui, o processo de evaporação intensifica-se. O produto arrefece, forma-se um vácuo na célula e o processo de difusão é ativado. O número de ciclos de aquecimento e arrefecimento é de 1 a 4, consoante o tipo de produto. O açúcar é distribuído uniformemente tanto no fruto como no xarope [14].

Nos últimos anos, foi desenvolvido o método de cozedura de compota em dispositivos de vácuo, sob a ação de oscilações sonoras. Estes asseguram a regulação da temperatura do volume e intensificam a transferência de calor sob a ação de vibrações sonoras periódicas, o volume do fruto muda, o açúcar penetra mais intensamente no fruto, a velocidade de difusão aumenta. No final da cozedura, é adicionada ao doce uma solução a 50% de ácido cítrico para aumentar o teor de açúcar invertido (glucose, frutose), que se caracteriza por uma solubilidade muito superior à da sacarose e evita a sacarificação do doce durante o armazenamento a baixas temperaturas positivas. Em alguns casos, adiciona-se melaço de milho ou de batata no final do processo de fervura do doce para aumentar a viscosidade do xarope. O doce é embalado em frascos de vidro ou caixas de lata, esterilizado a 100°C, armazenado a 1020°C e 75% de humidade.

Qualidade. O doce da categoria: extra, superior e de primeira qualidade é fabricado, regulando: massa de substâncias secas - no doce esterilizado - 68%, não esterilizado 70%; o teor de hidratos de carbono, respetivamente 62 e 65%; o teor de metais pesados [14].

## II.4. Análise sensorial de frutos e produtos de framboesa

### II.4.1. Tecnologias industriais para a obtenção de marmelada de framboesa

Os produtos de marmelada são fabricados a partir de matérias-primas de frutos e bagas, substâncias formadoras de geleia e aditivos, são bem absorvidos, têm elevado sabor e propriedades dietéticas.

Em função do método de introdução dos formadores de gelatina na receita, os produtos de marmelada dividem-se em marmelada de frutos, doce de maçã e gelatina. Na marmelada de frutos e bagas, a pectina, que está contida no puré de frutos e bagas (maçã, ameixa, etc.), é um agente gelificante.

A marmelada de frutos e maçãs é semi-sólida. Ao cortar com uma faca, formam-se superfícies de corte lisas e antiaderentes e arestas vivas.

O valor do açúcar reside no seu efeito desidratante. Na produção de geleia de fruta, a função tecnológica do açúcar é complementada pelo seu valor gustativo. As melhores condições para a formação de geleias de fruta são consideradas como o conteúdo de até 65% de açúcar, 1% de pectina, 1% de ácido e 30-32% de água em solução. Esta proporção de componentes pode ser alcançada com uma proporção de 1:1 de açúcar granulado e puré. Para aumentar a resistência da marmelada de fruta à cristalização, parte do açúcar pode ser substituído por melaço [20].

O esquema tecnológico para a produção de marmelada de fruta e maçã inclui: preparação de uma mistura de acordo com a receita, seguida de fervura até obter uma massa de marmelada; moldagem; gelificação; secagem e arrefecimento da marmelada; embalagem e armazenamento.

O puré de maçã que entra em produção distingue-se pela sua capacidade de formar geleia, pelo que é feita uma mistura a partir de diferentes lotes de puré. O puré para mistura é misturado em misturadores equipados com agitadores. O puré misturado é depois sujeito a filtrações repetidas para eliminar as impurezas. A mistura da receita é obtida através da mistura de purés de fruta e maçã, açúcar granulado, melaço e lactato ou citrato de sódio (sais modificadores) num misturador. A dosagem dos modificadores de sal depende da acidez do mosto e ascende a 0,2-0,3% da massa da mistura da receita.

Uma mistura de receitas com um teor de matéria seca de cerca de 55% é cozida continuamente ou em lotes numa coluna de cozedura em serpentina com um separador de vapor até um teor de humidade de 31-40%. A utilização de modificadores de sal permite ferver a massa de marmelada com um teor de humidade mais baixo, o que significa que o processo de secagem da marmelada pode ser encurtado [21].

Com um método de produção contínua, a massa de marmelada do tanque de receção é alimentada no misturador acima da cabeça de vazamento. Os aromas, ácidos e corantes também são doseados aí. A massa de marmelada é bem misturada e enviada para uma máquina de verter marmelada ou vertida à mão. O vazamento da massa de marmelada é efectuado através do vazamento de um transportador de vazamento em moldes de metal. Existem orifícios no fundo dos moldes. A massa do produto, fundida numa única célula, é de aproximadamente 16 g.

Os moldes com a massa de marmelada são arrefecidos e colocados em salas com uma temperatura do ar de 20° C. Dentro de 4-6 minutos, a temperatura da marmelada desce e o ponto de gelificação é atingido. O tempo de permanência da geleia de frutos nos moldes é de aproximadamente 3-40 minutos. A seleção da marmelada dos moldes é feita mecanicamente com a ajuda de vapor fornecido a partir de baixo nos orifícios dos moldes. O ar, ao passar pelos orifícios, empurra a marmelada para a peneira. A marmelada selecionada das formas é enviada para secagem - a remoção do excesso de humidade da marmelada e a formação de pequenos cristais de sacarose na sua superfície. A marmelada é seca em secadores de sala, de armário ou de túnel a uma temperatura de 55-70°C durante 6-8 horas. Após a secagem, a marmelada é arrefecida a uma temperatura de 30-20°C no armazém ou em salas especiais durante 45-120 minutos. A marmelada moldada acabada é enviada para ser embalada em caixas [21].

A marmelada em camadas é uma massa densa feita de açúcar granulado, puré de fruta ou puré de bagas (groselha preta, etc.). A massa de marmelada para a marmelada em camadas é vertida em copos e caixas de materiais poliméricos, caixas de cartão e contraplacado, caixas de cartão ondulado, bem como caixas de cartão com design artístico. A massa de marmelada moldada é deixada em repouso durante o arrefecimento e, após a conclusão do processo de gelificação, é enviada para embalagem.

A marmelada de gelatina é preparada com base em substâncias gelificantes especiais - ágar, agaroide, furcellaran, com a adição de açúcar granulado, melaço, ácido e aromas. A receita também inclui frutos e bagas. Neste caso, a marmelada perde a sua transparência.

O açúcar granulado desempenha o papel de agente de enchimento, estruturação e confere doçura aos produtos. O melaço é utilizado como anticristalizador de sacarose. O ácido na marmelada de agar, agaroid, furcellaran melhora o seu sabor.
Tipurile de marmelada de jeleu difera in principal prin metoda de turnare si decor exterior. Producerea de marmelada in forma de jeleu pe agar include: inmuierea, spalarea si umflarea (daca este necesar) a agarului; fierberea siropului de zahar-agar; pregatirea masei de marmelada; turnare si gelificare; prelevarea de probe din forme si presurarea cu zahar granulat; uscarea si racirea marmeladei; ambalare si depozitare [21].
Primeiro, o ágar inchado é dissolvido numa quantidade de água calculada com precisão. Em seguida, o açúcar granulado e, finalmente, o melaço são introduzidos no ágar dissolvido aquecido. A mistura contém 30-33% de humidade. É introduzida num aparelho de cozedura universal ou como um vácuo esférico para ferver, ou cozida continuamente numa grelha de cozedura envolvida por um separador de vapor a uma pressão de vapor de aquecimento de 0,3 MPa até um teor de humidade de 25-27%. A temperatura do xarope acabado é de 106-107oC.
O xarope acabado do tanque é bombeado para a máquina de têmpera, onde é arrefecido a uma temperatura de 60-55°C. A massa arrefecida é introduzida no misturador acima da cabeça de fundição da unidade de moldagem. Uma emulsão de ácido, essência e corante é também doseada aí. A massa de marmelada é bem misturada e enviada para vazamento.
A formação de marmelada de geleia, tal como a marmelada de fruta e de maçã, é feita à mão ou em máquinas de moldagem. A duração da gelificação da marmelada em ágar é muito mais longa (90-140 min) do que a marmelada em pectina, porque a temperatura no início da gelificação do ágar é de 40°C.
As condições óptimas para o processo de gelificação, as temperaturas do ágar são 10-15°C e a humidade relativa 60-65%. Após a conclusão do processo de gelificação, a marmelada é retirada dos moldes, prensada com açúcar granulado, colocada na peneira e entra na câmara de secagem [21].
A marmelada é seca durante 6-8 horas a uma temperatura do ar de 50-55°C e uma humidade relativa de 20-40%. O arrefecimento da marmelada seca na oficina demora 3-5 horas, numa câmara de arrefecimento a uma temperatura de 15-20°C durante 40-60 minutos. Após o arrefecimento, a marmelada é separada do excesso de açúcar numa peneira vibratória e colocada em caixas.
A produção de marmelada em agaroide é um pouco diferente em termos de tecnologia. Este facto deve-se às características específicas do agaroide. O processo de gelificação de uma solução de agaroide com açúcar ocorre a

temperaturas elevadas (cerca de 70°C).

A preparação da massa para as camadas de gelatina é basicamente a mesma que a descrita acima. A massa para a camada intermédia é obtida através da agitação do xarope de açúcar e ágar com um teor de matéria seca de 76-78% e uma temperatura de 60-62°C com clara de ovo. No processo de agitação do xarope, são introduzidos corantes e aromas. A massa para cada camada é vertida em tabuleiros. A primeira camada é moldada (gelatina) com uma altura de 7-8 mm. Após condicionamento e estruturação durante 35-40 minutos, é vertida sobre a camada de gelatina uma camada de massa batida com uma espessura de 8 mm. A terceira camada (gelatina) é vertida sobre a segunda depois de ter sido estruturada [21].

Quando o processo de formação da marmelada estiver concluído em todas as camadas, a camada no tabuleiro é colocada numa superfície lisa e cortada em produtos separados com um disco para corte e facas onduladas para corte transversal. A marmelada cortada é prensada com açúcar granulado, colocada numa peneira e seca a uma temperatura de 30-35°C durante 10-12 horas.

O processo de produção de marmelada de três camadas nas grandes empresas é mecanizado. As fatias de marmelada de limão e laranja estão disponíveis sob a forma de fatias com uma crosta como os frutos naturais, bem como imitando o sabor e a cor destes frutos.

A massa de gelatina para rodelas de laranja e limão é preparada de forma tradicional, mas com um teor de humidade inferior ao da massa de marmelada (24-25%). A mesa para fatias de laranja torna-se laranja, limão - amarelo. O ácido cítrico, o óleo de limão ou de laranja são adicionados à massa da marmelada como aditivos saborosos e aromáticos. A massa para a camada esmagada da crosta é preparada misturando o xarope de açúcar agar-syrup-açúcar (temperatura 65-67°C) com um agente espumante durante 10-15 minutos. O conteúdo de substância seca da massa batida é de 72-73%, a temperatura da massa é de 45-47° C [21].

A massa de gelatina acabada é moldada à mão com uma camada fina ou na cabeça de moldagem numa correia transportadora. Num período de 10-11 minutos, o tapete rolante desloca-se da primeira cabeça de moldagem para a segunda, durante o qual ocorre o processo de gelificação da camada de massa de gelatina. A segunda cabeça de moldagem verte uma fina camada de massa (camada batida) sobre a superfície da camada de crosta gelatinosa. A duração da formação gelatinosa da camada batida é de 12-14 minutos a uma temperatura do ar de aproximadamente 30°C. A espessura de cada camada (gelatina e massa) é de cerca de 1 mm.

A crosta de duas camadas resultante é cortada com facas circulares em tiras de

70 mm de largura. As tiras de crosta são introduzidas na calha de formação e tomam a forma de uma calha contínua. Em seguida, a calha é vertida nos bordos com uma massa de gelatina. Os moldes cheios de massa em 10-12 minutos entram na câmara de arrefecimento, onde em 25-30 minutos, a uma temperatura de 6-8°C, tem lugar o processo de gelificação.
Em seguida, as barras com crosta são transferidas para o tapete rolante inferior, polvilhadas com açúcar granulado e colocadas com a face para baixo. Nesta posição, são conduzidas para a máquina de corte. As rodelas de limão e laranja, cortadas e polvilhadas com açúcar granulado, são colocadas numa peneira e enviadas para o secador para secagem, sendo depois colocadas em caixas [21].

### 11.4.2. Sortido de produtos de marmelada

A marmelada é um produto de confeitaria fabricado a partir de folhas gelificantes de frutos e bagas ou agente gelificante, açúcar ou seus substitutos e outros tipos de matérias-primas, com a adição de um anti-cristalizador, aditivos alimentares e/ou substâncias aromáticas. No caso da marmelada, é caraterística uma estrutura gelatinosa. A superfície da marmelada pode ser vidrada ou não vidrada.
Consoante o tipo de base gelificante, a marmelada divide-se em marmelada à base de puré de frutos e bagaço gelificante; marmelada - à base de geleia; frutos gelificantes - à base de agentes gelificantes em combinação com frutos a partir dos quais se formam a geleia e o puré e bagaço de frutos.
Consoante o método de moldagem, distinguem-se os seguintes tipos de marmelada: moldada, moldada por vazamento da massa de marmelada em formas rígidas ou células estampadas/estampadas num produto alimentar a granel (açúcar granulado); em folha, moldada por vazamento da massa de marmelada em recipientes de diferentes capacidades; esculpida, moldada por vazamento de uma massa de marmelada, seguido de corte em produtos individuais.
A marmelada de frutos é produzida principalmente na forma não vidrada, mas alguns produtos à base de geleia são completamente cobertos com cobertura de chocolate. A marmelada com cobertura de chocolate inclui a marmelada moldada "Baga em chocolate". Um tipo de marmelada com gelatina de chocolate é a marmelada "Strawberry", "Chocolate jelly bars" [21].
Em função do método de modelação, a geleia de marmelada divide-se em quatro tipos:

- marmelada em formas - são produzidas em diferentes formas, cores e sabores, polvilhadas com açúcar em pó ou cobertas com uma camada microcristalina;
- marmelada cortada - com a forma de rodelas de limão ou de laranja. Obtém-

se da seguinte forma: a massa de marmelada é vertida para um recipiente semicilíndrico, de modo a obter uma baguete; depois de retirada (libertação) da forma, é colada uma camada fina (uma casca) de marmelada em cima da baguete, que é obtida a partir de xarope-cola com clara de ovo. O xarope de cola é obtido a partir de açúcar, melaço de amido e pectina ou de açúcar, melaço de amido e ágar-ágar. As baguetes assim preparadas são prensadas com açúcar em pó e cortadas em fatias. As fatias são amarelas ou cor de laranja;

- marmelada com camadas - é obtida após moldagem das 3 camadas, das quais: as camadas inferior e superior - são feitas de massa de marmelada, e a camada intermédia - de massa de pastilha. Depois de amadurecer e secar, a marmelada obtida é retirada dos moldes e cortada em cubos, rectângulos ou losangos. A superfície é prensada com açúcar em pó. Pode ser lisa ou ondulada. A marmelada também é produzida com duas ou três camadas de cores diferentes;
- marmelada figurada - obtida sob a forma de diferentes figuras esféricas: frutos, maçãs, cogumelos, animais, etc. [22].

Os índices de qualidade são estabelecidos nos respectivos actos normativos. Dos indicadores organolépticos:

- a forma deve ser específica para o produto em causa, com o desenho e contornos claros, sem deformações e inchaços;
- a superfície da marmelada deve estar seca e não ser pegajosa. A superfície da marmelada-gelatina e da marmelada de frutos tipo bolo deve estar uniformemente polvilhada com açúcar em pó fino e sem sinais de derretimento do açúcar. A marmelada de frutos deve ter uma superfície elástica, brilhante ou ligeiramente opaca, com uma pele microcristalina. A cobertura de chocolate deve ter uma superfície lisa ou ondulada, sem fissuras nem saliências;
- a consistência da marmelada deve ser gelatinosa, densa e fácil de cortar com uma faca;
- o aspeto da secção deve ser limpo e uniforme. Pode ser vítreo e transparente (no caso da marmelada obtida à base de ágar) ou semi-transparente e opaco (no caso da marmelada obtida à base de pectina ou de agaroide);
- a cor deve ser homogénea, própria do tipo de marmelada;
- o sabor e o cheiro devem ser bem pronunciados, específicos do tipo de marmelada e sem nuances estranhas [22].

Dos indicadores físico-químicos e químicos:

- a humidade da marmelada é estritamente limitada em actos normativos, pois o aumento da humidade favorece a alteração dos produtos. A humidade é diferente, dependendo do tipo e do tipo de marmelada, constituindo 9 - 33%, nomeadamente:

- fruta e marmelada de maçã 20 - 24%;
- marmelada picada 18 - 22%;
- marmelada monolítica 29 - 33%;
- bolos de marmelada 9 - 15%;
- marmelada-gelatina 15 - 23%;

* O teor de substâncias redutoras na composição dos produtos de confeitaria de frutos e maçãs é um indicador importante da sua qualidade, pois evita a formação de açúcar. Ao mesmo tempo, uma quantidade excessiva de substâncias redutoras favorece a humidificação da superfície da marmelada. O teor de substâncias redutoras na marmelada é diferente consoante o tipo e o tipo de produto (20 - 40%):

- fruta monolítica e marmelada de maçã - máximo 40%;
- marmelada de frutos e maçãs em formas - máximo 28%;
- marmelada-gelatina - máximo 20%;
- marmelada de frutos de gelatina - máximo 25% [22];

* a acidez da marmelada depende do teor de ácidos, sais, dióxido de carbono e, de acordo com os dados da DNT, é de 6-22,5 graus (de acordo com o ácido málico), consoante o tipo e o tipo de produto;
* o teor de cinzas insolúveis em HCl a 10% não deve exceder 0,1% para a marmelada de frutos e 0,05% - para a marmelada ou a geleia de frutos;
* o teor de ácido sulfúrico não deve exceder 0,01% [22].

De acordo com as matérias-primas utilizadas, encontramos os seguintes tipos de marmelada:

- Marmelada extra obtida a partir de um único fruto (por exemplo, framboesas, morangos, alperces, cerejas, etc.);
- Marmelada superior obtida a partir de duas categorias de frutos com um determinado peso: pelo menos 30% de frutos considerados nobres e os restantes 70% de qualquer outra categoria de frutos disponível. Devido à presença de frutos nobres, a marmelada resultante será aromática e o aroma, consoante o fruto utilizado, será definido;
- Marmelada mista que é feita a partir de várias espécies de frutos mistos, podendo também ser utilizados alguns frutos resultantes da triagem de outros tipos de produtos, desde que não estejam alterados. Se forem utilizadas matérias-primas semiconservadas, sob a forma de polpas ou marcas, estas devem estar devidamente conservadas e não conter corpos estranhos. Se forem utilizados frutos frescos, estes devem atingir a maturidade industrial (tecnológica) antes de serem colhidos e recolhidos [23].

### II.4.3. Estudo da regulamentação técnica e das decisões governamentais relativas aos índices de qualidade da marmelada de framboesa e das

**matérias-primas necessárias ao seu fabrico**

A marmelada é um produto de consistência gelatinosa, obtido a partir de puré de fruta e maçã ou de soluções aquosas de gelificantes (ágar, agaroide, pectina), açúcar e outros componentes.

A formação da massa de marmelada é um processo físico muito complicado. Os principais componentes para a formação da massa gelatinosa são a pectina, os ácidos e o açúcar, que estão contidos em determinadas concentrações:

- pectina 0,8 - 1,0%;
- ácidos 0,6 - 1,0%;
- açúcar 65-70%.

Como base gelatinosa da marmelada, pode ser utilizada qualquer substância gelificante (agente gelificante), por exemplo, a pectina.

A massa da marmelada é um sistema coloidal (pinta, gel) constituído por macropartículas coloidais, unidas entre si, que formam um esqueleto duro com uma estrutura em rede. A geleia (gel) de marmelada é formada como resultado da transformação de uma solução coloidal num estado de gel, seguida do acoplamento de partículas de pectina entre si. Após a formação do gel, ocorre a estabilização da estrutura, denominada maturação da marmelada [22].

Cada componente do gel de marmelada cumpre a sua função especial e específica:

- A pectina representa o material a partir do qual é formado o esqueleto do gel. Quanto mais elevado for o teor de pectina, mais duradouro será o esqueleto;
- O açúcar desempenha a função de adsorvente de água. O teor de açúcar necessário depende do teor de pectina. Quanto mais baixo for o teor de pectina, mais elevado deve ser o teor de açúcar;
- asseguram a eliminação dos ácidos pécticos dos seus sais. Os ácidos pécticos livres têm a capacidade de gelatinizar.

A capacidade de gelatinização da massa de marmelada depende também do pH do meio (o pH ótimo é de 3,0 - 3,2).

Consoante a matéria-prima, a marmelada divide-se em três grupos:

- fruta e marmelada de maçã;
- geleia de marmelada;
- combinado (fruta-geléia). [22].

**Tabela 2.26. Características organolépticas da marmelada/gelatina de acordo com HG 204/ 2009 [19]**

| Indicador | Condições de admissibilidade |
|---|---|
| **Formulário** | Especifica os respectivos nomes. Regulado com contornos claros sem distorções |
| **Superfície** | Polvilhado com açúcar em pó, cacau em pó, flocos de coco ou glacé. No caso |

| | |
|---|---|
| | das geleias cobertas com cobertura de chocolate, é permitido que a camada de cobertura no fundo seja transparente |
| **Consistência** | Geleia |
| **Gosto, cheiro e cor** | Características do respetivo produto, sem cheiro e sabor estranhos. Para as geleias em camadas - cada camada deve ter um sabor, cheiro e cor específicos do seu nome |
| NOTA: São permitidos produtos deformados: para as geleias embaladas a granel - máximo de 4% em massa, para as geleias embaladas a granel - máximo de 6% em massa, para as geleias cortadas pré-embaladas e as geleias pré-embaladas - máximo de 10% em número na unidade de embalagem, para os outros tipos de geleias pré-embaladas - máximo de 6% em número na unidade de embalagem. | |

A marmelada de gelatina é preparada com base em substâncias gelificantes especiais - ágar, agaroide, furcellaran, pectina - com a adição de açúcar granulado, melaço, ácido e aromas. A receita também inclui frutos e bagas. Neste caso, a marmelada perde a sua transparência [38].

De acordo com a Decisão do Governo n.º 204 de 11.03.2009 relativa à aprovação do Regulamento Técnico "Produtos de Confeitaria", a marmelada é um produto de consistência gelatinosa, obtido a partir de açúcar, xarope de glucose e outros ingredientes [19]

**Quadro 2.27. Caracteristica fizico-chimica a marmeladei/ jeleurilor conform HG 204/ 2009 [19]**

| O nome dos indicadores | Valores admissíveis para as marmeladas de: | | | |
|---|---|---|---|---|
| | puré de fruta e molho de maçã em | | jelletra | purés de frutos com agentes gelificantes |
| | formas | camadas | | |
| Fração mássica de humidade, % | 9-24 | 29-33 | 15-23 | 15-24 |
| Para geleia glaceada com glaceado, %, max. | 26 | - | 30 | 30 |
| Fração mássica de substâncias redutoras, %, máx. | 28 | 40 | 20 | 25 |
| Para geleias à base de pectina ou glucose, %, max | - | - | 28 | 28 |
| Acidez total, graus | 6-22.5 | 4.5-18.0 | 7.5-22.5 | 7.5-22.5 |
| Fração mássica de cinzas insolúveis numa solução de ácido clorídrico a 10%, %, máx. | 0.1 | 0.1 | 0.05 | 0.05 |
| NOTAS:<br>1. A acidez geral para marmeladas em formas, feitas de frutas e maçãs com ágar algas e para gelatinas à base de agentes gelificantes com leite deve ser de pelo menos 3,0 graus.<br>2. A fração mássica de humidade de cada produto deve corresponder ao teor calculado de | | | | |

| acordo com o documento normativo para o respetivo produto, com os desvios admissíveis em relação aos valores calculados.<br>3. A fração mássica do chocolate glaceado deve corresponder ao teor calculado de acordo com o documento normativo para o respetivo produto, com desvios admissíveis em relação aos valores calculados de ± 2,0%. |
|---|

As matérias-primas e os materiais auxiliares utilizados na indústria de confeitaria distinguem-se por uma variedade de propriedades estruturais e mecânicas. Para a correcta organização do processo tecnológico e obtenção de produtos acabados com características de qualidade estáveis, é necessário ter em conta as particularidades do comportamento reológico dos diferentes tipos de matérias-primas e materiais auxiliares [24].

**Quadro 2.28. Características organolépticas do açúcar conforme HG 774/ 2007 [25]**

| **Indicador** | **Condições de admissibilidade do açúcar:** | | |
|---|---|---|---|
| | extra branco | branco | semi-branco |
| **Cor** | com | | Branco, com uma tonalidade amarelada |
| **Cheiro** | Doce | | |
| **Gosto** | Característica do açúcar | | |
| **Friabilidade** | O açúcar granulado deve estar esfarelado | | São permitidas as aglomerações que se desfazem ao toque |

De acordo com a Decisão do Governo n.º 774 de 03.07.2007 relativa à aprovação do Regulamento Técnico "Açúcar. Produção e comercialização", o açúcar é um produto alimentar sob a forma de sacarose com impurezas extraídas ou formadas no processo de transformação da matéria-prima vegetal que contém açúcar. Açúcar fundido - açúcar para processamento industrial, com uma fração mássica de sacarose de 99,55% [25].

**Quadro 2.29. Características físico-químicas do açúcar de acordo com a norma HG 774/**

**2007 [25]**

| O nome dos indicadores | **Valores admissíveis para o açúcar:** | | |
|---|---|---|---|
| | extra branco | branco | semi-branco |
| Fração mássica de humidade, %, máx. | 0.6 | 0.12 | 0.14 |
| Fração de massa de sacarose (relativa a SU), %, min. | 99.85 | 99.75 | 99.55 |
| A fração mássica de substâncias redutoras (em relação a SU),%, max | 0.02 | 0.04 | 0.065 |
| Fração mássica de cinzas (em relação a SU), máx.: % de punção | 0.011 6 | 0,027 15 | 0.05 - |

| | | | |
|---|---|---|---|
| Coloração em solução, máx: As unidades ICUMSA perfuram as unidades convencionais | 22.5 3 - | 90.0 12 - | 195.0 - 1.5 |
| O número de açúcar nas amostras coloridas, pontos, máximo. | 4 | 9 | 26 |
| A fração mássica de impurezas ferrosas, %, máx. | 0.0001 | 0.0003 | 0.0003 |
| Número máximo de pontos | 8 | 28 | - |

**NOTA:** Para determinar em pontos os indicadores de cinzas, de coloração em solução de açúcar e o número máximo de pontos para as amostras de açúcar na coloração, adopta-se o seguinte

- na posição cinzenta, um ponto é equivalente a 0,0018%;
- na posição de coloração em solução, um ponto é equivalente a 7,5 unidades ICUMSA;
- para amostras de açúcar coloridas, os indicadores do aparelho "SACCHAROFLEX" são multiplicados por dois

O melaço é produzido a partir da cana-de-açúcar. O melaço preto e viscoso é o mais procurado para uma alimentação saudável, pois é o que tem mais nutrientes. Os principais requisitos para preparar o melaço de cana-de-açúcar são separar o sumo de cana da sua polpa, seguindo o processo de extração do açúcar (principalmente sacarose) do sumo [21].

De acordo com GOST 33917-2016, o melaço deve cumprir os requisitos da norma atual. No que diz respeito às características organolépticas, o melaço deve cumprir os requisitos especificados na tabela 2.30. Relativamente aos parâmetros físico-químicos, o melaço deve cumprir os requisitos especificados no quadro 2.31. No contrato com o fornecedor podem ser especificadas outras exigências para além das indicadas [26].

**Tabela 2.30. A caraterística organoléptica do melaço de acordo com GOST 33917-2016 [26]**

| **Indicadores** | **Condições de admissibilidade do melaço:** | | | | |
|---|---|---|---|---|---|
| | com baixo teor de açúcar | de caramelo | | de maltose | com elevado teor de açúcar |
| | | ácido | enzimático | | |
| **Aspeto exterior** | Líquido viscoso e espesso | | | | |
| **Cor** | Incolor a amarelo pálido em várias tonalidades | | | | |
| **Transparência** | Transparente. Opala decai | | Transparente | | |
| **Cheiro e sabor** | Característica do melaço, sem sabor ou cheiro estranho | | | | |

**Tabela 2.31. As características físico-químicas do melaço de acordo com GOST 33917-2016 [26]**

| **O nome dos indicadores** | **Valores admissíveis para o melaço:** | | | | |
|---|---|---|---|---|---|
| | com um pouco de açúcar | de caramelo | | de maltose | com elevado teor de açúcar |
| | | ácido | enzimático | | |
| Fração mássica da matéria | **78.0** | | | | |

| | | | | | |
|---|---|---|---|---|---|
| seca, %, min. | | | | | |
| A fração mássica de substâncias redutoras em relação à substância seca (equivalente de glucose), % | **26-35** | **36-44** | | 38-70 | min. 75 |
| Fração mássica de cada hidrato de carbono (composição em hidratos de carbono) - glucose, % - maltose, % | **max.15 5-20** | **- -** | **5-20 10-25** | **max.25 min.36** | **min.20 -** |
| Fração mássica de cinzas totais em relação à matéria seca, %, máx. | **0.40** | | | | |
| Indicador de hidrogénio, pH (exceto manchas desmineralizadas) | **3.0-6.0** | | | | |
| Condutividade eléctrica específica (para manchas desmineralizadas), LiS/cm sau mS/cm, max | **200** | | | | |
| Acidez - o volume de uma solução de hidróxido de sódio com uma concentração de 0,1 mol/l (0,1 N) para neutralizar ácidos e sais ácidos em 100 g de melaço seco substância: - de batatas e outros tipos de tubérculos de amido, cm, máx.<br>- de milho e de outros tipos de cereais amiláceos, cm, máx. | **27**<br>**15** | | **- -** | | |
| **O nome dos indicadores** | **Valores admissíveis para o melaço:** | | | | |
| | com um pouco de açúcar | o caramelo ácido | o caramelo enzimático | de maltose | com elevado teor de açúcar |
| Dióxido de enxofre ($SO_2$) teor, mg/kg, máx. | **40** | | | | |
| Temperatura da amostra, C° | **155** | **145** | **140** | | - |
| A cor do teste do iodo | - | | diversas nuances de ga | | iben |
| A presença de elementos mecânicos estranhos visíveis impurezas | não se admite | | | | |

NOTAS:
1. O contrato com o consumidor pode prever exigências suplementares no que respeita à qualidade do melaço.
2. O indicador "Cor" é determinado por métodos instrumentais (Anexos B, C), o indicador "Turvação" é determinado pelo método instrumental (Anexo D). Os valores dos indicadores são fixados em conformidade com as exigências dos consumidores.
3. O produtor verifica periodicamente o indicador "fração mássica de cinzas totais", mas pelo menos uma vez de 10 em 10 dias na amostra média de melaço.
4. A pedido do consumidor, a fração mássica da matéria seca do melaço pode ser inferior a 78%.
5. Se a fração mássica da substância seca se desviar da normalizada, é permitido recalcular a massa de um lote de melaço com 78% da substância seca, realizado de acordo com GOST 4680.
6. A pedido do consumidor, é permitida uma fração mássica de glucose inferior a 20% para o melaço com elevado teor de açúcar.
7. O indicador "condutividade eléctrica específica" (para o melaço desmineralizado) é determinado pelo método instrumental (apêndice D).

O ágar-ágar é um produto orgânico obtido a partir de uma série de algas vermelhas (agarófitas), das famílias Gelidiaceae (Gelidium) e Gracillariaceae (Gracilaria), das quais é extraído por ebulição e solidificação a 32-40°C .
Apresenta-se sob a forma de tiras semi-transparentes de cor amarelo-acastanhada. Contém 70-80% de polissacáridos, 10-20% de água e 1,5-4% de substâncias minerais. É constituída por resíduos galactosídicos esterificados a C6 com um grupo sulfónico. Tem um poder gelificante muito elevado. O ágar é um estabilizador de código E406 [21].

**Tabela 2.32. As características organolépticas do ágar estão em conformidade com a norma GOST 16280-2002 [27]**

| **Indicadores** | **Condições de admissibilidade do ágar de qualidade** | | |
|---|---|---|---|
| | superior | primeiro | segundo |
| Aspeto exterior | Grânulos, poeiras, pós, flocos, placas, películas | | |
| Cor | De creme claro a creme escuro. Pode ter uma tonalidade cinzenta | Bege a castanho claro | |
| Odor de ágar e gel de fração mássica de ágar seco 0,85% | Sem odores estranhos | | |
| Sabor a gel com fração de massa de ágar seco 0,85% | Sem sabor estranho | | |
| A presença de impurezas | Não é permitido | | |

**Tabelul 2.33. Caracteristica fizico-chimica a agarului conform GOST 16280-2002 [27]**

| O nome dos indicadores | Valores admissíveis para ágar de qualidade: | | |
|---|---|---|---|
| | superior | primeiro | segundo |
| Cor do gel (com fração de massa de ágar seco 0,85%), transmissão de luz, % min. | 60 | 45 | |
| Força do gel (com fração de massa de ágar seco 0,85%, açúcar 70%), g, min | 1600 | 1000 | 700 |
| Diminuição da força do gel (com fração mássica de ágar seco 0,85%, após aquecimento da solução durante 2 horas), %, min | 10 | 15 | |
| Temperatura de fusão do gel (com fração de massa de ágar seco de 0,85%), °C, min. | 80 | | |
| A temperatura de gelificação da solução de ágar (com a fração mássica de ágar seco 0,85%), °C, min. | 30 | | |
| A temperatura de gelificação da solução de ágar (com a fração em massa de ágar seco 0,85%, açúcar 70%), °C, max | 42 | | |
| Fração mássica de humidade, %, min | 18 | | |
| Fração de massa de cinzas, %, min | 4.5 | 6.0 | |
| A presença de iodo | Não é permitido | | |
| A fração mássica de substâncias insolúveis em água quente, %, max | 0.4 | 0.6 | |

O ácido cítrico (ácido tricarbo-1,2,3-hidroxi-propanoico $C_6H_8O_7$) é um ácido tricarboxílico que se apresenta como um pó incolor com um sabor azedo, facilmente solúvel em água. É também conhecido como sal de limão [21].

**Tabela 2.34. Características organolépticas do ácido cítrico de acordo com GOST 908-2004 [28]**

| Indicadores | Condições de admissibilidade |
|---|---|
| Aspeto e cor | Cristais incolores ou pó branco sem aglomerações |
| Estrutura | Seco, não pegajoso ao toque |
| Gosto | Azedo, sem sabor estranho |
| Cheiro | Sem cheiro |
| Impurezas mecânicas | Não é permitido |

**Tabela 2.35. Características físico-químicas do ácido cítrico de acordo com GOST 908-2004 [28]**

| O nome dos indicadores | Valores admissíveis |
|---|---|

| | |
|---|---|
| Identificação do ácido cítrico | Resiste ao teste |
| Fração mássica de ácido cítrico mono-hidratado (C6H8O7 x 2H2O), % | 99.5-100.5 |
| Fração mássica de humidade, % | 7.5-8.8 |
| Fração mássica de cinzas sulfatadas, %, max | 0.05 |
| Fração mássica de sulfatos, %, max | 0.015 |
| Fração mássica de oxalatos, %, max | 0.01 |
| Teste de ferrocianetos | Resiste ao teste |
| Ensaio de substâncias carbonizantes | Resiste ao teste |
| Ensaio do ferro | Resiste ao teste |

Os purés de fruta e maçã contêm hidratos de carbono de fácil digestão - glicose, frutose, sacarose; vitaminas - A, grupos I, C; minerais, bem como substâncias biologicamente activas - catequinas, antocianinas. Isto determina o seu elevado valor nutricional. Além disso, os frutos e bagas têm propriedades antioxidantes e bom gosto.

Os frutos e as bagas contêm cerca de 10-15% de matéria seca e uma grande quantidade de humidade, pelo que não podem suportar um armazenamento suspeito na sua forma natural. Mais de 90% da matéria seca é constituída por hidratos de carbono, pectinas e corantes (antocianinas, clorofila e carotenóides) [21].

**Tabela 2.36. A caraterística organoléptica do puré de fruta de acordo com GOST 32684-2014 [29]**

| **Indicadores** | **Condições de admissibilidade** |
|---|---|
| Aspeto exterior | Massa homogénea e uniforme, sem partículas de fibras, sementes, cascas e caules. É permitida: a presença de sementes simples em purés de mirtilos, framboesas, morangos, amoras, groselhas, groselhas vermelhas e pretas e outras bagas; a presença de partículas sólidas de puré de marmelo e pera |
| Consistência | Tipo massa, fluida. É permitida a estratificação de líquidos |
| Cor | Característica dos frutos a partir dos quais o puré é feito, homogénea em todo o quadro. Os tons castanhos são aceitáveis para os purés de frutos escuros e os tons castanhos para os purés de frutos claros |
| Gosto e cheiro | Característica do fruto a partir do qual o puré é feito. É permitido um ligeiro amargor natural no puré de mirtilo, groselha, espinheiro marítimo, cavalinha, e um sabor adstringente no puré de sorveira. Não são permitidos sabores e odores estranhos. |
| NOTA: As características organolépticas dos purés de frutos conservados com dióxido de enxofre são determinadas nos purés dessulfurados | |

**Tabela 2.37. Características físico-químicas do puré de fruta de acordo com GOST 32684-2014 [29]**

| **O nome dos indicadores** | **Valores admissíveis** |
|---|---|

| Fração mássica de sólidos solúveis, %, mín., em mosto de:<br>- marmelos, peras, ameixas, cerejas, tangerinas, ameixas, ginjas,<br>groselhas negras, maçãs (de maçãs de maturação tardia);<br>- alperces, cerejas doces, cerejas doces, groselhas;<br>- mirtilos, peras (de variedades selvagens), amoras, morangos, cerejas da cornalina, groselhas, groselhas, limões, framboesas, framboesas pretas;<br>- maçãs (de maçãs de maturação precoce);<br>- maçãs (de variedades cultivadas na natureza);<br>- pêssegos | <br><br>10<br>12<br><br>7<br><br>8.50<br>8<br>9 |
|---|---|
| Teste da gelatina de puré de marmelo e groselha | Satisfatoriamente |
| Teste de cama para puré de alperce | Satisfatoriamente |
| Fração mássica de ácido sórbico, %, máximo | 0.1 |
| Fração mássica de ácido benzoico, %, máximo | 0.1 |
| Fração mássica de dióxido de enxofre, %, máximo | 0.2 |
| A fração mássica de impurezas de origem vegetal (que não é fornecida pela receita), %, máximo | 0.02 |
| Fração mássica de impurezas minerais, %, máximo: - em puré de morango e de framboesa;<br>- nos restantes tipos de puré | <br>0.1<br>não admitido |
| Impurezas estranhas | não admitido |

De acordo com a Decisão do Governo n.º 229, de 29.03.2013, para a aprovação do Regulamento Sanitário relativo aos aditivos alimentares, os intensificadores de sabor são substâncias que melhoram o sabor e/ou o cheiro de um produto alimentar e os corantes são substâncias que adicionam ou restauram a cor dos produtos alimentares e incluem componentes naturais de produtos alimentares ou outras substâncias naturais que não são, em regra, consumidas como produtos alimentares por si só e que não são habitualmente utilizadas como ingredientes característicos dos alimentos.

Para efeitos do presente regulamento, são consideradas corantes as preparações obtidas a partir de produtos alimentares e de outras matérias-primas naturais comestíveis obtidas por extração física e/ou química que conduzam a uma extração selectiva de pigmentos em relação aos constituintes nutricionais ou aromáticos [30].

**Tabela 2.38. Características de qualidade dos aromas de acordo com GOST 32049-2013 [20]**

| Índices de qualidade | Condições de admissibilidade |
|---|---|
| Aspeto exterior | Transparente ou opaco |
| Cor | Incolor ou colorido |

| Cheiro | Específico de um agente aromatizante |
|---|---|
| Temperatura ambiente, C° | 20-25 |
| Pressão atmosférica, kPa | 95.0-106.7 |
| A humidade relativa do ar, % | 40-90 |
| Tensão principal, V | 220 |
| Frequência da rede, Hz | 49-51 |

**Tabela 2.39. Características de qualidade dos corantes de acordo com GOST 32745-2014 [31]**

| **Índices de qualidade** | **Condições de admissibilidade** |
|---|---|
| Aspeto exterior | Pó ou grânulos |
| Cor | Amarelo ou vermelho |
| Dissolver a cor | Do amarelo ao vermelho (consoante a tonalidade pretendida) |
| Pressão atmosférica, kPa | 10-35 |
| A humidade relativa do ar, % | 40-95 |
| Tensão principal, V | 220 |
| Frequência da rede, Hz | 49-51 |

## II.5. Novos métodos de obtenção de marmelada de framboesa com teor reduzido de sacarose

O número de potenciais pacientes diabéticos é de aproximadamente 5% da população. Para responder às necessidades destas pessoas, está a aumentar a produção industrial de produtos de baixas calorias com açúcar reduzido e edulcorantes artificiais adicionados. Consequentemente, o valor energético diminui, enquanto a doçura permanece mais ou menos inalterada. Os edulcorantes artificiais mais utilizados são a sacarina, o aspartame, o acessulfame-K e o ciclamato, que são várias vezes mais doces do que a sacarose. O aspartame, o edulcorante utilizado neste trabalho, é 200 vezes mais doce do que a sacarose e o seu valor energético é de 4 kcal/g.

A produção de marmeladas a partir de fruta, açúcar, pectina e ácidos comestíveis é um dos mais antigos processos de conservação de alimentos conhecidos pela humanidade. O prazo de validade destes produtos é obtido através do aumento do teor de sólidos solúveis (mínimo 60%), o que provoca uma diminuição da água livre através da hidratação, pasteurização suficiente, preservação química de produtos de baixo teor calórico (menos de 38% de sólidos solúveis) e pH baixo (2,63,2). O tempo e a temperatura de cozedura suficientes, a esterilização do espaço da cabeça do frasco de vidro após o enchimento e a selagem a vácuo são também critérios para a sua proteção contra a deterioração microbiana [32].

A marmelada é um produto gelatinoso obtido por cozedura das partes comestíveis frescas ou semi-transformadas de um fruto inteiro (sem casca, pele, sementes, etc.), transformado em puré por peneiração ou processo semelhante, com adição de açúcar ou xarope de açúcar, pectina/ágar e ácido. Os sistemas de cozedura modernos (um sistema fechado contínuo de vácuo a baixa pressão) estão equipados com um dispositivo automático de medição do xarope de açúcar, do ácido e da solução de pectina/ágar. O refratómetro de processo e a sequência de medição do pH permitem o controlo automático do teor de sólidos solúveis e dos valores de pH.

Os alimentos dietéticos (baixo teor calórico/sacarose) destinam-se a dietas especiais. O valor energético dos produtos com baixo teor de sacarose, em comparação com os produtos tradicionais, é reduzido em pelo menos 30%. 30%, no mínimo. É permitida a utilização de ácido sórbico e respectivos sais, bem como de ácido benzoico e respectivos sais como conservantes. Como substitutos do açúcar e edulcorantes intensivos, é permitida a utilização de sorbitol, manitol, frutose, sacarina, ciclamato e aspartame [32].

O objetivo deste trabalho foi a produção industrial de marmeladas com baixo teor de sacarose a partir de framboesas e a estimativa da sua qualidade química e sensorial.

A marmelada de framboesa foi preparada de acordo com as formulações indicadas no quadro 1.40, recomendadas pelo fabricante da pectina. A quantidade necessária de pectina foi misturada com cerca de 5 vezes a quantidade de açúcar. Esta mistura foi dissolvida em água quente (80°C) e misturada num misturador até se obter um sistema coloidal homogéneo (solução de pectina a 35%).

Entretanto, a fruta com o restante açúcar e cerca de 1/3 da quantidade necessária de água foi introduzida na panela sob vácuo e aquecida a 80°C sem a presença de vácuo. Quando a temperatura necessária foi atingida, a solução de pectina foi adicionada com agitação constante. A mistura foi cozinhada sob vácuo até se obter o SS (sólido solúvel) recomendado.

O produto foi aquecido a 80-82°C (sem vácuo) e foi adicionada uma solução de ácido cítrico a 50% para atingir o pH ótimo. A marmelada estava então pronta para ser enchida em frascos de vidro de 720 ml e 370 ml. Os frascos foram fechados com tampas "twist off". As armadas foram pasteurizadas a 82-85°C durante 10-15 minutos, depois arrefecidas a 55-60°C (temperatura óptima de gelificação), rotuladas, embaladas numa base de cartão adequada coberta com película de PVC termoendurecida, paletizadas e armazenadas num armazém escuro e fresco [32].

**Tabela 2.40. A receita de fabrico de marmeladas com baixo teor de sacarose [32]**

| Pistas | Amostra 1 | Amostra 2 | Amostra 3 |
|---|---|---|---|
| SS recomendado, % | 40 | 35 | 45 |
| pH recomendado | 3.1 - 3.40 | 3.2 | 3.2 |
| Quantidade de frutos, g/ kg | 500 | 450 | 450 |
| Quantidade de açúcar, g/ kg | 340 | 297 | 298 |
| O tipo de pectina utilizado | "Obi-Pectina" Fita violeta D 075 | "Grinsted- Pectin" LA 410 | "Grinsted- Pectin" LA 410 |
| Quantidade de pectina, g/ kg | 5.5 | 7.0 | 6.0 |

A caraterização inicial do puré de framboesa (sólidos solúveis, pH e acidez total) foi efectuada de acordo com métodos normalizados (3). Os sólidos solúveis foram medidos com um refratómetro a 20°C; o pH foi medido com um medidor de pH. A acidez total, como ácido cítrico, foi determinada por titulação com solução padrão de NaOH. As análises microbiológicas das geleias foram efectuadas de acordo com os métodos habituais. A avaliação sensorial foi efectuada através de um sistema de pontos (5). Os valores energéticos da marmelada de açúcar reduzido foram calculados a partir do conteúdo (%) de açúcar, proteína, óleo e ácido, multiplicado pelos factores correspondentes (17,2 para açúcar e proteína; 38,9 para óleo e 10,3 para ácido).

A Tabela 2.41. apresenta os resultados da caraterização química obtida para o puré de framboesa antes da produção das marmeladas. Os valores obtidos foram semelhantes aos referidos por outros autores. Na tabela 2.41. são também apresentados os resultados da caraterização química obtidos para as marmeladas. Os sólidos solúveis, os valores de pH e a acidez total foram os esperados de acordo com as formulações [32].

**Tabela 2.41. Composição química das amostras de framboesas e marmelada utilizadas [32]**

| Nome | SS, % | PH | Acidez titulável, % (ácido cítrico) |
|---|---|---|---|
| Framboesa | 7.50 | 3.50 | 0.55 |
| Amostra 1 | 40.0 | 3.16 | 0.75 |
| Amostra 2 | 36.0 | 3.25 | 0.50 |
| Amostra 3 | 45.80 | 3.20 | 0.40 |

Pode ver-se na tabela 2.42. que todas as amostras foram pontuadas de acordo com as características sensoriais (18,00 e 19,00 pontos) [32]

**Tabela 1.42. Resultados da análise sensorial das amostras de marmelada [32]**

| Pistas | Amostra 1 | Amostra 2 | Amostra 3 |
|---|---|---|---|
| Gosto | 8 | 8 | 8 |
| Cor | 4 | 4 | 4 |
| Cheiro | 2 | 2 | 2 |
| Consistência | 5 | 5 | 4 |
| Total | 19 | 19 | 18 |

Quatro amostras com as melhores pontuações foram utilizadas para determinar os valores energéticos. Os valores energéticos das geleias de açúcar reduzido foram calculados a partir do teor (%) de hidratos de carbono, proteínas, óleos e ácidos, multiplicado pelos factores correspondentes (17,2 para o açúcar e as proteínas; 38,9 para os óleos e 10,3 para os ácidos). Os resultados dos valores energéticos são apresentados no quadro 2.43. [32].

**Tabela 1.43. Valores energéticos das amostras de marmelada [32]**

| As amostras de marmelada | Valor energético (kJ/100g) |
|---|---|
| Amostra 1 | 645 |
| Amostra 2 | 652 |
| Amostra 3 | 697 |

O sabor, a cor e o cheiro das marmeladas produzidas eram característicos das framboesas a partir das quais eram fabricadas. Apresentavam uma consistência gelatinosa homogénea, sem açúcar cristalizado e sem sinérese. Não apresentavam sinais de fermentação nem ingredientes estranhos.

As características microbiológicas satisfazem as exigências da regulamentação para este grupo de produtos.

Os valores energéticos das marmeladas estavam entre 645 kJ/100g e 697 kJ/100g, o que as classifica como produtos gelatinosos de baixo teor calórico e baixo teor de sacarose [32].

## II.6. Influência do tratamento térmico na composição físico-química das framboesas e da marmelada de framboesa

A framboesa em si é uma boa fonte de micronutrientes, como minerais, vitamina C, folato e substâncias fenólicas, a maioria das quais são antioxidantes naturais que contribuem para o seu elevado valor nutricional. Na maioria das vezes, os frutos de framboesa são expostos a algum tipo de tratamento térmico durante a produção. Os compostos bioactivos da framboesa (como os fenólicos, os flavonóides, os carotenóides, as vitaminas, etc.) são geralmente componentes termolábeis. Consequentemente, estes produtos químicos podem degradar-se durante o processamento da fruta, dependendo da temperatura e/ou do tempo de processamento [33].

Muitos autores compararam o conteúdo bioativo e a atividade antioxidante dos produtos (obtidos por tratamento térmico) com os frutos frescos de framboesa (utilizados como matéria-prima). Em suma, apontaram uma redução significativa tanto no conteúdo de componentes bioactivos como na atividade antioxidante dos produtos de framboesa. Por conseguinte, a otimização da própria produção é uma das formas de reduzir a perda de propriedades bioactivas dos frutos de framboesa durante o processamento.

Este estudo teve como objetivo descobrir os efeitos prováveis do regime de baixa temperatura na qualidade (teor fenólico total - TPC, teor de antocianinas totais - TAC, AO) das geleias de framboesa preparadas a partir de frutos colhidos nas regiões ocidentais da Sérvia.

Pode ver-se que a geleia de framboesa preta apresentou a AO mais elevada, seguida das geleias de framboesa rosa e framboesa amarela (Figura 2.1.). Os diferentes sobrescritos indicam efetivamente diferenças significativas nas médias de acordo com o teste HSD de Tukey ($p < 0,05$). A mesma geleia foi enriquecida com fenólicos totais. Além disso, apresentava um elevado teor de humidade. Estes resultados são efetivamente coerentes com a diminuição das antocianinas totais pela seguinte ordem: framboesa preta > framboesa rosa > framboesa amarela. Os coeficientes de correlação de Pearson para parâmetros seleccionados (TPC, TAC, HPMC e ARP) indicaram que AO (principalmente HPMC) está altamente correlacionado positivamente com TPC (0,91) e TAC (0,95) ( Quadro 2.44.) [33].

**Tabela 2.44. Coeficientes de correlação de Pearson para os parâmetros seleccionados [33]**

| Parâmetros | TPC | TAC | HPMC | ARP |
|---|---|---|---|---|
| **TPC** | 1.0 | 0.85 | 0.91 | 0.79 |
| **TAC** | | 1.00 | 0.95 | 0.78 |
| **HPMC** | | | 1.00 | 0.93 |
| **ARP** | | | | 1.00 |
| NOTAS: TPC - teor de fenólicos totais; TAC - teor de antocianinas totais; HPMC - complexo hidroxo-peridroxil mercúrio (II); ARP - poder anti-radical. | | | | |

As geleias preparadas a baixa temperatura (geleia de baixa T) continham mais substâncias fenólicas totais e antocianinas do que as geleias produzidas a alta temperatura (geleia de alta T) (Figura 2.9.). Foi de facto por isso que a sua AO foi melhorada em relação às geleias T.

Tanto quanto é do nosso conhecimento, este é o primeiro relatório sobre a aplicação da polarografia DC na descrição de AOs de geleias de framboesa de qualquer tipo. Durante a preparação de geleias à pressão atmosférica, o TPC e o TAC nos produtos finais são reduzidos até 30% em comparação com os produtos fabricados a baixa temperatura. Sem dúvida, este facto dá uma clara vantagem às condições fáceis e não invasivas para o processamento de geleias [33].

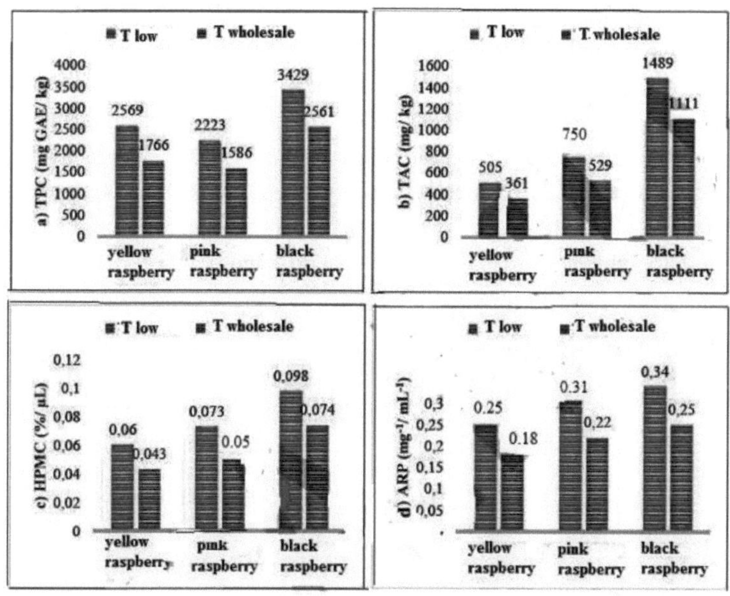


Fig 2.9. Teor total de fenólicos (a) e antocianinas (b) seguido de atividade antioxidante determinada utilizando os métodos DC-polarográfico (c) e DPPH (d) de geleias de framboesa [33]

A propósito, os valores de CPT das geleias de framboesa amarela registados neste estudo estão em boa concordância com os publicados anteriormente. De facto, o mesmo foi observado para as compotas de framboesa e as geleias de framboesa preta. Por último, até agora, tem-se afirmado na literatura uma relação direta entre a CPT e a AO.

A preparação de geleias geralmente não inclui a separação do sumo e da polpa. No entanto, o procedimento melhorado descrito aqui resultou em geleias sem sementes, ao contrário das comuns (padrão) atualmente disponíveis no mercado [33].

Além disso, em vez de os frutos ferverem a temperaturas superiores a 80° C, foi aplicado o regime de baixa temperatura (55° C) na fase seguinte. Vale a pena mencionar que as geleias de framboesa foram preparadas sem a utilização de pectina durante todo o processo, devido ao elevado teor de fruta conservada: 60% em vez de 35% de fruta como mínimo para a preparação de geleias padrão. Para formar o gel com uma baixa percentagem de fruta, a pectina teve de ser adicionada a uma concentração final de 0,5-1,5%, enquanto o pH foi ajustado com uma solução de ácido cítrico para 3,0 -3,5.

No final, concluiu-se que, para todos os tipos de framboesas em conjunto, o regime de baixa temperatura para a preparação de geleias de framboesa pode levar a um aumento significativo dos seus valores nutricionais e efeitos promotores de saúde, com particular ênfase na antioxidação. Esforços adicionais de investigação serão direccionados para o potencial da framboesa preta, uma variedade nativa de framboesa, para permitir a introdução no mercado de um novo produto alimentar (geleia de framboesa preta) [33].

# III. Propriedades reológicas de algumas pastas de barrar de frutos

## III.1. Introdução

A indústria alimentar tem demonstrado um interesse crescente na produção de produtos alimentares prontos a utilizar e convenientes, bem como de produtos alimentares mais saudáveis e mais naturais. Os produtos hortofrutícolas fornecem aos consumidores as suas necessidades diárias de micronutrientes importantes, como as vitaminas, os minerais e as fibras alimentares.

Os aditivos de natureza hidrocoloidal, como a carboximetilcelulose (CMC), as gomas xantana e guar, podem ser adicionados isoladamente ou em mistura aos sumos e néctares de frutos e vegetais, a fim de evitar a separação e precipitação da polpa, bem como para melhorar o corpo e prolongar o tempo de armazenamento. O tipo e o nível destes aditivos afectam a viscosidade e as propriedades de fluxo do produto final [34-36].

Alvarez e Canet [37] estudaram o comportamento do fluxo de purés para bebés à base de vegetais a diferentes temperaturas (5-65 °C), dando especial atenção às propriedades dependentes do tempo numa gama de taxas de cisalhamento (5-200 $s^{-1}$ ). Os parâmetros do modelo de lei de potência que descrevem o comportamento do fluxo das amostras dependeram do tipo de puré para lactentes, do seu teor de água e da temperatura. Os autores concluíram que os purés para lactentes apresentaram um comportamento tixotrópico a todas as temperaturas testadas.

A maioria das bolsas que têm sido utilizadas para o processamento térmico de alimentos consiste em 3 camadas de película, tais como poliéster, folha de alumínio e polipropileno fundido [38].

Atualmente, existem muitas formas de bolsas flexíveis que são utilizadas para embalar produtos alimentares que requerem processamento térmico na embalagem e, entretanto, resistem a condições de retortagem.

O efeito de diferentes tratamentos térmicos e mecânicos, incluindo a homogeneização a alta pressão, nas propriedades microestruturais e reológicas de dispersões de cenoura, brócolos e tomate foi estudado por [39]. Os autores relataram que a cenoura e os brócolos apresentaram um comportamento diferente do tomate nas condições estudadas. A alteração da ordem do tratamento térmico e mecânico conduziu a microestruturas com diferentes propriedades de fluxo. As microestruturas resultantes diferiam na forma de separação da parede celular: ou quebrando através das paredes celulares ou através da lamela média. Verificou-se também que a homogeneização a alta pressão diminuía a viscosidade das dispersões de cenoura e brócolos, enquanto aumentava a viscosidade do tomate. A microscopia eletrónica de varrimento criogénico mostrou que as paredes celulares da cenoura e dos brócolos permaneceram como estruturas compactas após a homogeneização, enquanto as paredes celulares do tomate ficaram consideravelmente inchadas.

Morales-Blancas et al., [40] estudaram a cinética de inativação térmica da peroxidase (POD) e da lipoxigenase (LOX) de extractos de brócolos (Brassica oleracea L., floretes) e cenouras (Daucus carota L., cv Chantenay, córtex e núcleo) para otimizar o processo de branqueamento de vegetais, reduzindo o tempo do processo e minimizando assim a perda de propriedades nutricionais e sensoriais. Kampis, et al., [41] propuseram um sistema de branqueamento de caroteno relacionado com a atividade da POD que foi observada na fração solúvel em água dos extractos de tomate. Os estudos cinéticos de inativação térmica das enzimas POD e LOX na gama de 70 a $100^{o}$ C mostraram claramente curvas bifásicas que se pensa dependerem da presença de isoenzimas com diferentes estabilidades térmicas.

Guerrero e Alzamora, [42] estudaram o efeito do pH, da temperatura e da adição de glucose no comportamento do fluxo do puré de banana. Todos os purés formulados eram fluidos de tungsténio com valores apreciáveis de tensão de cedência e as curvas de fluxo seguiam essencialmente o modelo de Herschel-Bulkley. A adição de glucose diminuiu geralmente as viscosidades aparentes e aumentou a dependência da temperatura das propriedades de fluxo. Não foi observado qualquer padrão relativamente ao efeito do pH, aw e temperatura no índice de fluidez.

Coronel et al.,[43] analisaram os problemas associados à magnitude e técnica do processamento térmico de produtos vegetais de elevada viscosidade, como os purés de batata-doce, devido à sua baixa difusividade térmica [44], para além da fraca condutividade térmica [45], que restringe a seleção do tipo e tamanho do recipiente [46] e leva a um tratamento térmico prolongado que afecta negativamente a qualidade do produto e o valor nutricional.

Sharoba et al., [47] descobriram que a adição de hidrocolóides (gomas guar, xantana e arábica) e adoçantes (aspartame e esteviosídeo) afetou o comportamento de fluxo de misturas de néctar de papaia e damasco. Os autores relataram que a viscosidade era uma função da temperatura e da concentração de sólidos dissolvidos, ou seja, a viscosidade dependia das distâncias intermoleculares dos constituintes do néctar. Com o aumento da temperatura, as distâncias intermoleculares aumentam e, por conseguinte, a viscosidade diminui. As amostras de néctar apresentaram um comportamento pseudoplástico não newtoniano com fluidos de tensão de cedência, uma vez que a viscosidade aparente diminui com o aumento da taxa de cisalhamento, pelo que apresentam um comportamento de diluição por cisalhamento. A pseudoplasticidade aumentou com a adição de hidrocolóides e diminuiu com a adição de edulcorantes. O índice de comportamento do fluxo das amostras de néctar diminuiu com o aumento da temperatura.

Maceiras et al., [48] estudaram o comportamento reológico de diferentes frutos frescos ou cozinhados (framboesa, morango, pêssego e ameixa). Os purés de fruta mostraram um comportamento não-newtoniano e a viscosidade aparente é influenciada pela cozedura porque diminui com a temperatura e aumenta com o teor de açúcar. Como resultado, as compotas de fruta têm uma viscosidade mais elevada do que os purés de fruta. Os modelos reológicos de Ostwald Waele (Power Law) e Herschel-Bulkley ajustaram-se razoavelmente bem aos dados experimentais a todas as temperaturas. Reproduziram que a tensão de cedência e o coeficiente de consistência diminuem com a temperatura, enquanto o índice de comportamento do fluxo aumenta com o aumento da temperatura.

Ditchfield, et al., [49] efectuaram experiências com puré de banana a temperaturas que variaram entre 30 e 120° C. Os valores da tensão de cisalhamento variaram de 10 a 170 Pa e os valores da taxa de cisalhamento de 10-5 a 10-3 $s^{-1}$ . O modelo de Herschel-Bulkley foi o que melhor se ajustou aos dados experimentais a todas as temperaturas. Verificou-se uma tendência habitual para a viscosidade aparente diminuir com o aumento da temperatura, mas foi encontrado um aumento da viscosidade aparente com o aumento de 50 para 60° C e de 110 para 120° C. Os autores atribuíram este facto a uma interação dos polissacáridos presentes no puré de banana.

Ahmed, J. [50] atribuiu o efeito da temperatura nas características reológicas dinâmicas dos purés de legumes e de frutas à gelatinização ou desnaturação, que afectam substancialmente as propriedades reológicas, resultando numa anormalidade em relação às tendências gerais exibidas. O comportamento de fluxo constante mostrou que as amostras de vegetais e de purés se comportaram como fluidos não newtonianos com uma tensão de cedência definida. Os dados relativos à tensão de cisalhamento e à taxa de cisalhamento ajustaram-se adequadamente ao modelo de Herschel-Bulkley. O objetivo deste trabalho é avaliar a reologia de purés de três frutos frescos (goiaba, morango e banana) e estudar a penetração de calor de pastas de barrar embaladas em bolsas flexíveis de PA/PE.

## III.2. Materiais e métodos

### III. 2.1. Materiais

Três frutos frescos: banana, goiaba e morango foram comprados nos pontos de venda de produtos do Ministério da Agricultura em Dokki. Banana (*Muss cavendishii*), goiaba (*Psidium guajava* L.) e morango (*Fragaria ananassa*). Três gomas comestíveis; xantana, guar e Carboximetilcelulose-Na (CMC) foram doadas pelo MIFAD, Misr Food Additives, Badr City; Egipto.

O ácido cítrico foi obtido da El-Gomhoria Company, El-Swah, Cairo, Egipto. A película transparente de poliamida/polietileno (PA/PE) (espessura, 125 ii) foi obtida da Arab Company of Pharmaceutical Packages. As propriedades físicas e mecânicas da película de PA/PE estão resumidas na Tabela 3.1.

**Tabela 3.1. Propriedades físicas e mecânicas da película PA/PE.**

| Propriedades | Unidade[1] | PA/PE |
|---|---|---|
| Espessura física | | |
| Peso do m2 Temperatura de | | 125 |
| selagem térmica Clareza | | 24 |
| Imprimabilidade Mecânica | | 140 meio transparente |
| Alongamento Resistência ao | mícron g/m$^2$ 0C | 263 |
| impacto | % N/cm$^2$ | 1570 |

Fonte: Companhia Árabe de P Pacotes de produtos farmacêuticos.

PA/PE = Poliamida/Polietileno. N/cm2 = Newton por centímetro quadrado.

## III. 2.2. Métodos

### 111.2.2.1. Preparação de pastas de fruta

Os frutos frescos foram lavados e as partes não comestíveis foram deitadas fora. As bananas foram descascadas e divididas em pequenos discos, as cenouras foram cortadas em discos finos e os morangos foram cortados em quartos. Cada fruto foi branqueado a vapor durante 10 minutos ou até a sua textura ficar tenra. Os frutos foram escorridos e deixados a arrefecer, sendo depois transformados em puré numa misturadora doméstica. Os purés lisos foram peneirados através de um coador fino para eliminar os finos, as fibras grossas e as partículas grandes. Foram adicionados 100 g de puré, 1 g de ácido cítrico, 2 g de açúcar, 10 g de água e 1 g de um agente espessante. A xantana, a goma guar e a carboximetilcelulose (CMC) foram utilizadas para fazer três pastas de barrar de goiaba, enquanto apenas a goma xantana foi utilizada para fazer as pastas de barrar de banana e morango. A mistura foi homogeneizada a uma velocidade de 6000 rpm durante 3 minutos. As pastas para barrar foram colocadas em frascos de vidro, desidratadas e mantidas no frigorífico no mesmo dia ou no segundo dia para avaliação.

### 111.2.2.2. Propriedades reológicas das pastas de fruta

Para avaliar as propriedades reológicas das pastas de fruta foi utilizado um Reómetro Digital Brookfield, Modelo DV-III Ultra com o software Rheocalc v3.1 (num computador IBM para controlo automático e aquisição de dados). A amostra foi colocada num copo de 100 ml, foi utilizado o mandril HA-06 e a taxa de cisalhamento e a tensão de cisalhamento foram calculadas de acordo com as equações fornecidas pelo fabricante [51]. Foi utilizado um banho de água termostático fornecido com o instrumento para regular a temperatura da amostra. As propriedades reológicas das pastas de fruta foram avaliadas à temperatura de 25, 40 e 60 °C, e a uma taxa de cisalhamento crescente (2,29 - 34,35 $s^{-1}$ ) que corresponde a velocidades de rotação de 10-150 rpm.

#### 111.2.2.3. Avaliação das propriedades reológicas das pastas de fruta

Os cremes para barrar de goiaba contendo diferentes gomas foram avaliados reologicamente a 25°C, enquanto o puré de goiaba ou os cremes para barrar de banana e morango foram avaliados a 25, 40 ou 60° C. Foram utilizados diferentes modelos reológicos para ajustar os dados reológicos recolhidos. Os seguintes modelos foram utilizados para avaliar os dados reológicos:

Modelo newtoniano: $\tau = \mu\dot{\gamma}$ (3.1.)

Modelo de plástico Bingham:

$\tau = \tau_0 + \mu\dot{\gamma}$ (3.2)

Modelo de lei de potência: $\tau = K\dot{\gamma}^n$ (3.3)

Modelo Casson: $\sqrt{\tau} = \sqrt{\tau_0} + K\sqrt{\dot{\gamma}}$ (3.4)

Modelo de Herschel-Bulkley:

$\tau = \tau_0 + K_{HB}\dot{\gamma}^n$ (3.5)

Onde, τ é a tensão de cisalhamento (Pa), $\gamma$ é a taxa de cisalhamento ($s^{-1}$ ), μ é a viscosidade newtoniana (Pa.s), K é o coeficiente de consistência (Pa.sn), n (adimensional) é o índice de comportamento do fluxo, e $\tau_0$ é a tensão de escoamento (Pa). O mais simples de todos é o modelo da Lei da Potência [52].

#### 111.2.2.4. Avaliação das propriedades de penetração do calor em pastas de fruta

As pastas de fruta contendo xantana foram embaladas (45 g) em bolsas flexíveis PA/PE com dimensões interiores de 120 x 40 mm e seladas sob vácuo ligeiro. Uma sonda termopar (sonda de temperatura do tipo RTD, DVP-94Y, Brookfield Co.) foi inserida na bolsa através de um orifício feito perto do bordo superior da bolsa para atingir a posição do ponto mais frio da pasta embalada, ou seja, o centro geométrico da bolsa.

A bolsa foi submersa num banho de água termorregulado (Brookfield Co.) a 85 °C. A variação da temperatura no interior da embalagem foi registada em função do tempo até atingir 80 °C. Em seguida, o conjunto foi retirado do banho-maria e submerso em água fria corrente a 27 °C. Os dados térmicos foram registados até a temperatura interna da embalagem atingir 30 °C.

A letalidade cumulativa foi calculada como a área total da taxa de letalidade por minuto vis. Curva temporal das fases de aquecimento e arrefecimento do tratamento térmico.

### 111.2.2.5. Foram avaliados os atributos sensoriais das amostras de fruta para barrar

Foi pedido a doze membros do painel que avaliassem os atributos organolépticos (cor, consistência, textura, cheiro, sabor e aceitabilidade geral) das pastas para barrar como inaceitáveis, aceitáveis ou excelentes. A frequência de cada resposta foi calculada e expressa em percentagem do total de respostas para cada atributo sensorial.

### 111.2.2.6. Tratamento de dados e análise estatística

Os dados recolhidos foram resumidos utilizando o programa Microsoft Excel. O mesmo software foi utilizado para o cálculo do ajuste do modelo e para a representação gráfica dos dados.

A análise de variância foi efectuada utilizando o pacote de software estatístico SPSS v.11.5. As análises de regressão foram utilizadas para estudar o grau de ajuste de diferentes modelos reológicos aos dados reológicos e para calcular os parâmetros do modelo. A bondade do ajuste; $R^2$ , a probabilidade do valor F e a magnitude do erro quadrático médio foram utilizados para estudar o grau de ajuste do modelo; no entanto, apenas o $R^2$ foi apresentado, uma vez que foram considerados inter-relacionados. As comparações entre as médias dos tratamentos principais foram efectuadas utilizando o teste L.S.D. a (P = 0,05) [53].

## III.3. Resultados e discussão

### III.3.1. Efeito da temperatura nas propriedades reológicas dos purés de goiaba

A Fig. (3.1 A) mostra o efeito do aumento da taxa de cisalhamento na viscosidade aparente do puré de goiaba a 40 e 60°C. O puré de goiaba apresentou uma viscosidade mais baixa a uma temperatura mais elevada e registou uma diminuição da viscosidade aparente. Os resultados observaram que o puré de goiaba apresentou um comportamento pseudoplástico não newtoniano. As diferenças nos valores de viscosidade entre as duas temperaturas testadas diminuíram com o aumento da taxa de cisalhamento. Ajustando os dados aos modelos reológicos bem conhecidos; Bingham (Fig. 3.1 B), Lei de Potência (Fig. 3.1 C), e Herschel-Bulkley (Fig. 3.1 D) indicaram que os dois últimos mostraram valores $R^2$ mais altos, ou seja, mais boa adequação do que a de Bingham. O valor do rendimento do puré de goiaba foi mais elevado a 40°C do que a 60°C, o que indica que é necessária menos energia para iniciar o fluxo do puré a uma temperatura mais elevada.

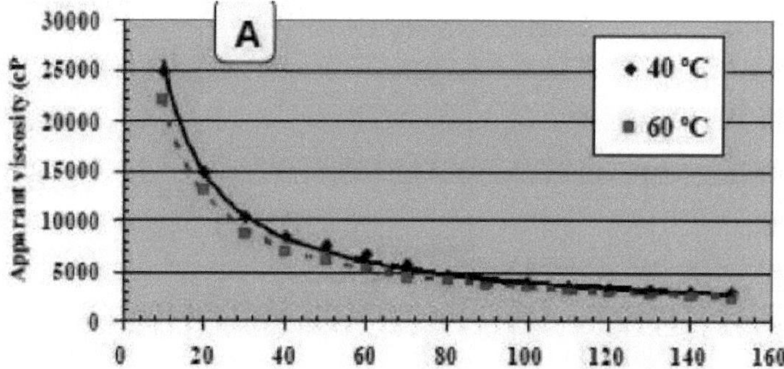

Fig. 3.1 A. Viscosidade aparente do puré de goiaba medida com o aumento da velocidade de rotação do batedor a 40 e 60 C.

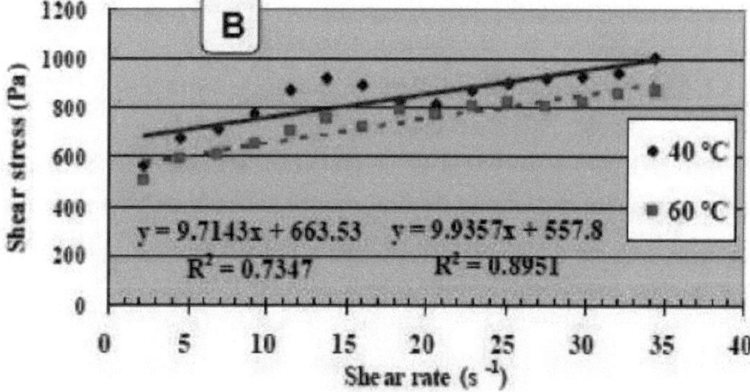

Fig. 3.1 B. Dados de tensão de cisalhamento da taxa de cisalhamento do puré de goiaba a 40 e 60 C ajustados ao modelo de Bingham.

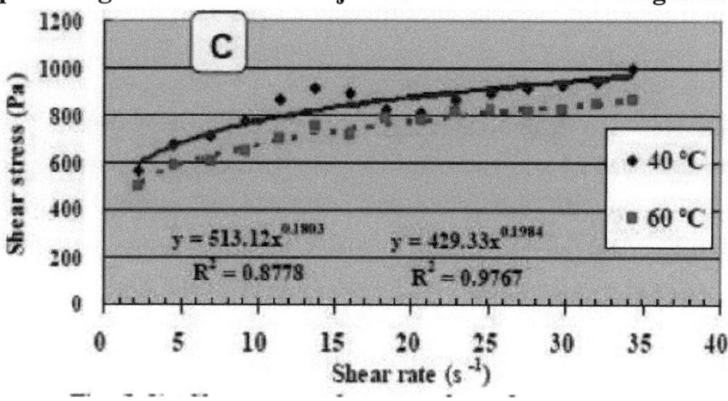

Fig. 3.1 C. Dados de tensão de cisalhamento da taxa de cisalhamento do puré de goiaba a 40 e 60 C ajustados ao modelo da Lei da Potência.

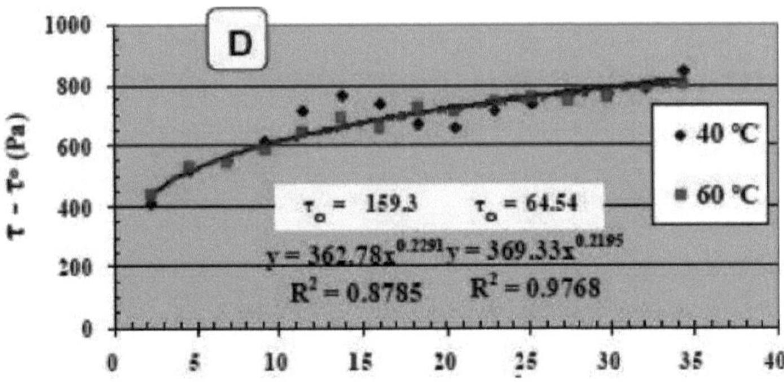


**Fig. 3.1D. Tensão de cisalhamento - tensão de escoamento (τ - τ) vis. dados da taxa de cisalhamento do puré de goiaba a 40 e 60 C ajustados ao modelo de Herschel-Bulkley.**

**Figura 3.1. Dados reológicos do puré de goiaba e equações para os modelos ajustados;**

**Bingham [B], lei da potência [C] e Herschel-Bulkley [D] a 40 e $60^0$ C.**

## 111.3.2. Efeito da adição de um agente espessante nas propriedades reológicas da pasta de goiaba

A pasta de goiaba contendo xantana possui valores de viscosidade mais elevados do que as pastas contendo goma guar ou CMC (Fig. 3.2 A). Também é percetível a partir da Fig. (3.2 A) que todas as pastas de barrar de goiaba exibiram propriedades pseudoplásticas não-Newotinianas. O modelo de Herschel-Bulkley apresentou um melhor ajuste aos dados do que a Lei de Potência ou Bingham, ou seja, confirmando a existência de tensão de cedência. Os dados foram ajustados aos modelos reológicos de Bingham (Fig. 3.2 B), Power Law (Fig. 3.2 C), Herschel-Bulkley (Fig. 3.2 D) e Casson (Tabela 3.2). O modelo de Herschel-Bulkley apresentou o melhor ajuste (registando os valores mais elevados para $R^2$ ) seguido pelo modelo de Casson para a pasta de goiaba, independentemente do tipo de goma. A pasta de goiaba contendo CMC apresentou $R^2$ = 0,99 para a lei da potência, a pasta de guar $R^2$ =0,987 para o modelo de Bingham. Isto indicou o comportamento tixotrópico não-newtoniano com a existência de tensão de cedência para todos os tipos de gomas. O valor da tensão de cedência foi mais elevado para a pasta de goiaba com xantana do que para a pasta com goma de guar, ao passo que a pasta de goiaba com CMC registou os valores mais baixos para estes modelos, considerando um valor de tensão de cedência.

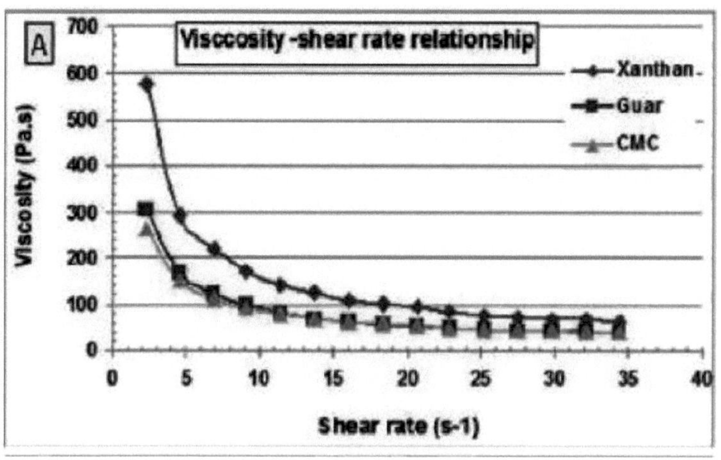
A
Visccosity -shear rate relationship
Viscosity (Pa.s)
700
600
500
400
300
200
100
0
0
5
10
15
20
25
30
35
40
Shear rate (s-1)
Xanthan
Guar
CMC

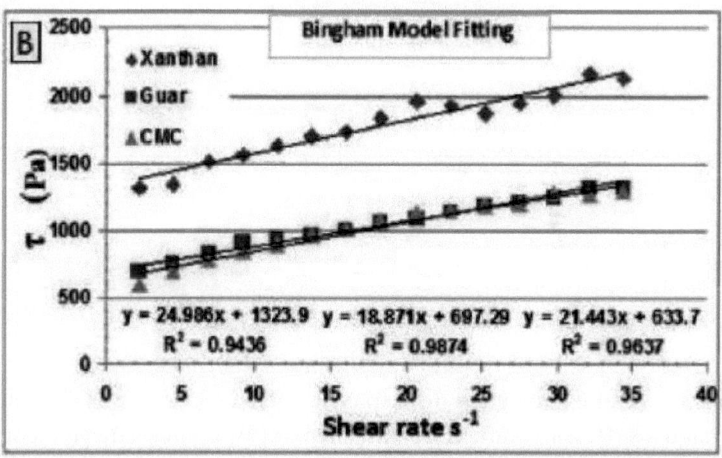
B
Bingham Model Fitting
Xanthan
Guar
CMC
τ (Pa)
2500
2000
1500
1000
500
0
y = 24.986x + 1323.9
R² = 0.9436
y = 18.871x + 697.29
R² = 0.9874
y = 21.443x + 633.7
R² = 0.9637
0
5
10
15
20
25
30
35
40
Shear rate s-1

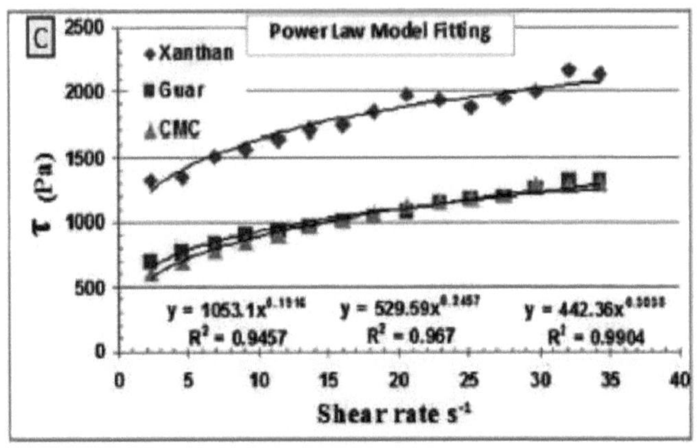


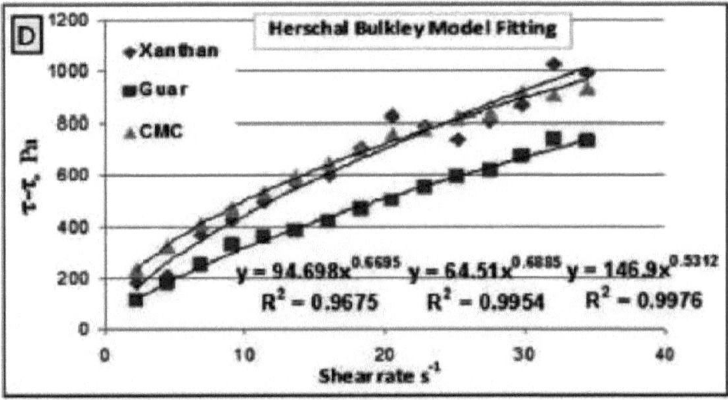


**Figura 3. 2. Dados reológicos de raspas de goiaba e cálculos de constantes de modelos (B; Bingham; C Lei de potência; D; modelos de Herschel-Bulkley).**

## 111.3.3. Efeito da temperatura nas propriedades reológicas da pasta de banana

A Fig. (3.3 A, 3.3 B, 3.3 C, 3.3 D) mostra o efeito do aumento da taxa de cisalhamento na viscosidade da pasta de banana a 25, 40 e 60C. A pasta de banana possui um comportamento pseudoplástico não-Newtoniano para todas as temperaturas testadas. No entanto, os dados da pasta de banana a 60°C não se ajustaram bem a nenhum dos modelos. O melhor ajuste foi notado para a pasta de banana a 40°C, seguido pela medida a 25°C.

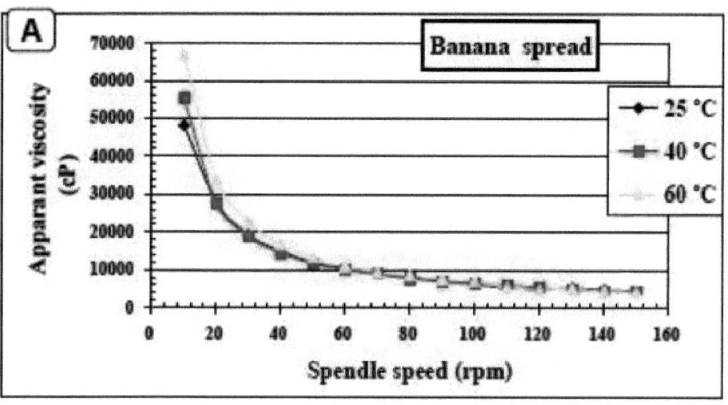
A
Banana spread
Apparent viscosity (cP)
70000
60000
50000
40000
30000
20000
10000
0
25 °C
40 °C
60 °C
0
20
40
60
80
100
120
140
160
Spendle speed (rpm)

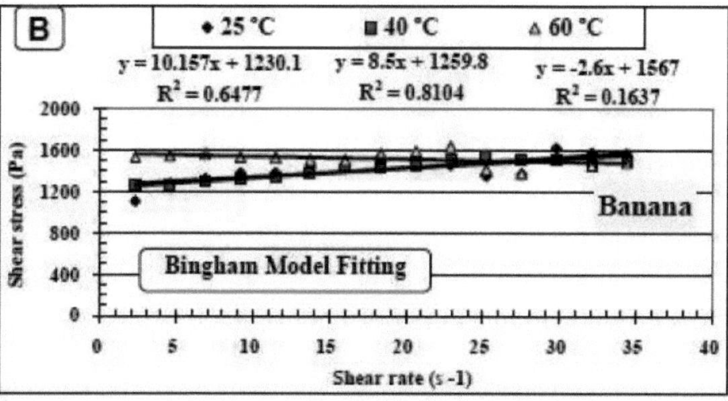
B
25 °C
40 °C
60 °C
y = 10.157x + 1230.1
R² = 0.6477
y = 8.5x + 1259.8
R² = 0.8104
y = -2.6x + 1567
R² = 0.1637
Shear stress (Pa)
2000
1600
1200
800
400
0
Banana
Bingham Model Fitting
0
5
10
15
20
25
30
35
40
Shear rate (s -1)

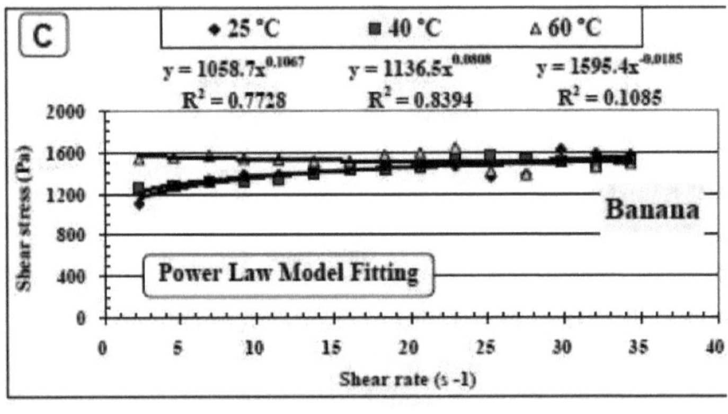


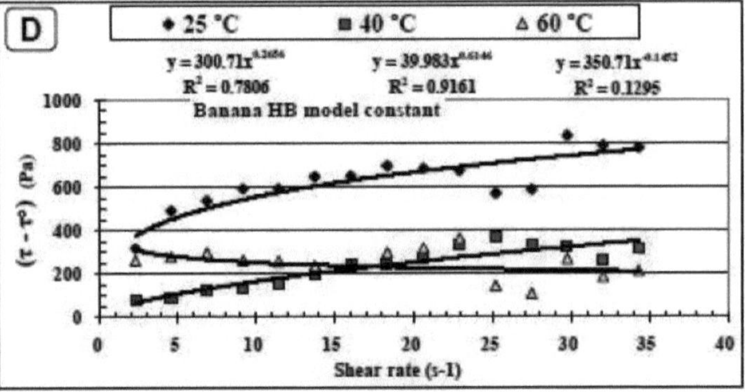


**Figura 3.3. Dados reológicos de banana espalhada e cálculos das constantes dos modelos (B; Bingham; C; Lei da Potência; D; modelos de Herschel-Bulkley).**

## 111.3.4. Efeito da temperatura nas propriedades reológicas da pasta de morango

O efeito do aumento da taxa de cisalhamento na viscosidade aparente do puré de morango a 25, 40 e 60 °C foi representado na Fig. (3.4 A, 3.4.B, 3.4.C, 3.4.D). O puré de morango possui um comportamento pseudoplástico não newtoniano com a existência de tensão de cedência a todas as temperaturas testadas. O modelo HB apresenta o melhor ajuste, seguido dos modelos Casson e Power Law. A tensão de cedência foi mais elevada a 40°C do que a 25°C, enquanto que o valor mais baixo foi registado a 60°C para o modelo HB. A mesma tendência foi observada para os modelos Bingham e Casson, mas com menor magnitude das diferenças. Os parâmetros k, n para os modelos reológicos para as pastas de fruta estudadas e os seus valores de regressão são apresentados na Tabela (3.2). As pastas para barrar (goiaba e morango) que contêm xantana ajustaram-se bem aos modelos de Hersckel e Bulkly, seguidos dos modelos de Casson e da Lei da Potência, particularmente para as pastas para barrar de morango e goiaba. A pasta de banana registou o menor $R^2$ entre todas as pastas de barrar para todos os modelos ajustados e, por conseguinte, os dados menos ajustados a todos os modelos. A potência n; o índice de comportamento do fluxo, do modelo da Lei da Potência dos três produtos para barrar contendo goma xantana foi muito inferior aos seus homólogos do modelo HB. À medida que n se aproxima de 1,0, o fluido possui atributos newtonianos.

A Tabela (3.2) indica diferenças nos valores da tensão de cedência para os três spreads, calculados por diferentes modelos. O modelo de Bingham apresentou valores de tensão de cedência maiores do que o modelo Hb. O modelo de Cassion registou os valores de tensão de cedência mais baixos.

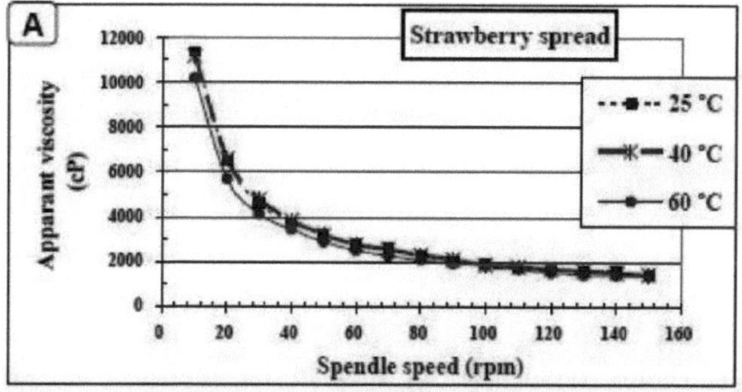


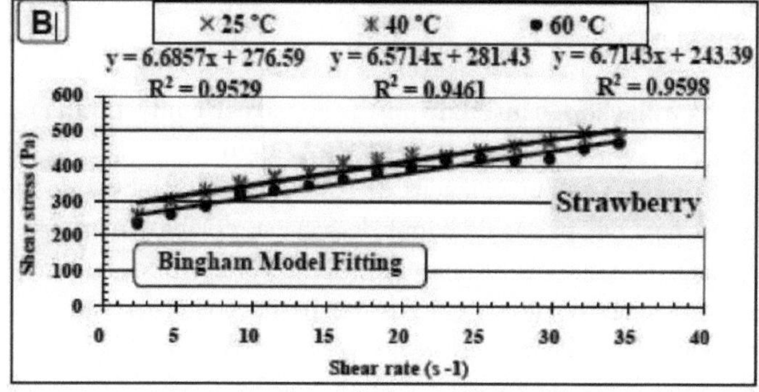

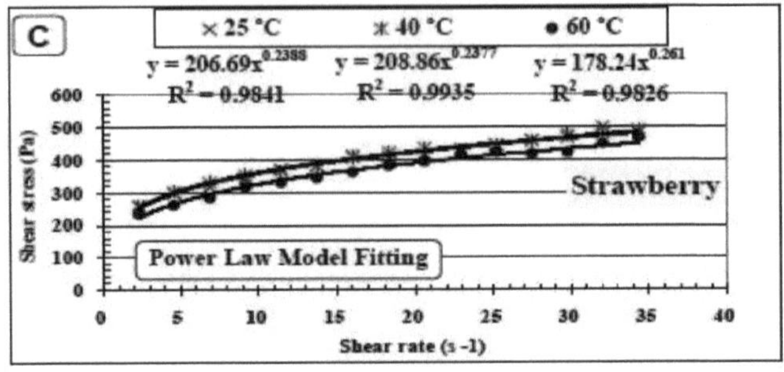


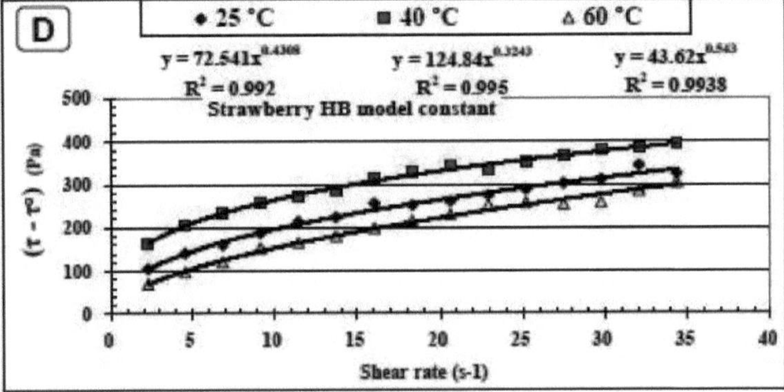


**Figura 3.4. Dados reológicos da difusão do morango e cálculos das constantes do modelo (B; Bingham; C; Lei da potência; D; modelos de Herschel-Bulkley).**

## 111.3.5. Avaliação sensorial de pastas de barrar com xantana contendo banana, goiaba e morango

A figura (3.5) mostra as percentagens de resposta dos membros do painel aos atributos sensoriais das pastas de barrar de banana, goiaba e morango com 1% de goma xantana. No que diz respeito ao atributo cor das pastas de fruta, apenas 14,1% ou menos classificaram a cor das três pastas como inaceitável. A cor da pasta de banana foi considerada aceite por 75% dos participantes,

Considerando que a cor da goiaba e do morango foi considerada excelente por 85 e 75% dos membros do painel, respetivamente.

A consistência das pastas para barrar foi classificada como excelente por 50% dos membros do painel para a pasta de banana, 62% para a pasta de morango e 71,4% para a pasta de goiaba (Fig. 3.5). Nenhum dos membros do painel classificou a consistência como inaceitável. Pelo contrário, 42,9% das respostas dos provadores à textura do puré de goiaba foram inaceitáveis. O atributo textura dos cremes para barrar de banana e morango foi considerado excelente por 50% dos provadores.

Nenhum dos membros do painel classificou o atributo cheiro como inaceitável para nenhuma das três pastas. O atributo cheiro foi avaliado como excelente por 85,7% das respostas dos provadores para a pasta de goiaba, 75% para a pasta de morango e 50% para a pasta de banana. O sabor foi considerado inaceitável por apenas 12,5% e 14,3% dos membros do painel para as pastas de banana e goiaba, respetivamente. O atributo sabor foi classificado como excelente por 57,1%, 37,5% e 25% dos membros do painel para os cremes de barrar de goiaba, morango e banana, respetivamente. O atributo de aceitabilidade geral foi classificado como aceitável ou excelente pelos membros do painel. Este atributo foi considerado aceitável para a pasta de banana por 62% dos membros do painel e excelente por 62% e 71,4% dos membros do painel para as pastas de morango e goiaba, respetivamente.

Pode concluir-se da avaliação dos atributos organolépticos que a goiaba para barrar obteve as pontuações mais elevadas, seguida do morango para barrar e da banana para barrar, com exceção do atributo textura, que obteve uma pontuação inaceitável (granulosa) por 42,9% dos participantes no painel. Este facto pode ser atribuído ao processo de homogeneização, que deve ser mais eficaz com a pasta de goiaba, caso contrário deve ser utilizada uma peneira mais fina para eliminar as partículas granulosas.

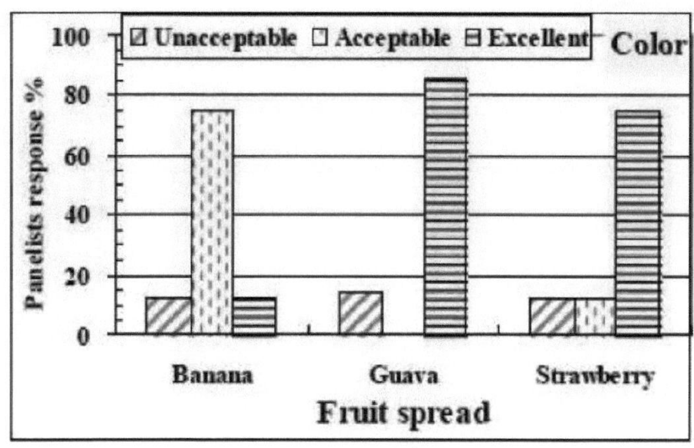

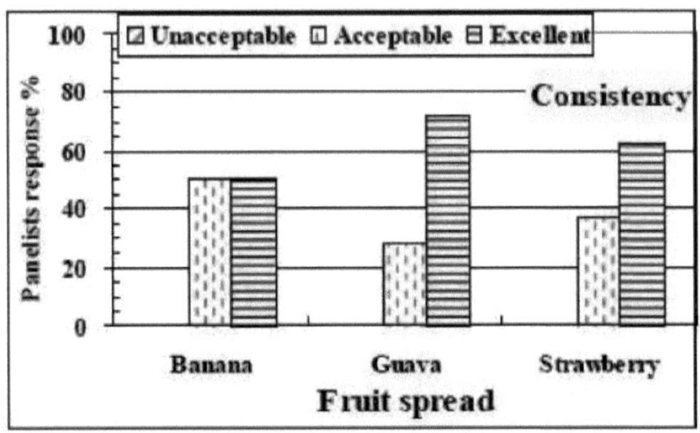
Unacceptable
Acceptable
Excellent
Consistency
Panelists response %
100
80
60
40
20
0
Banana
Guava
Strawberry
Fruit spread

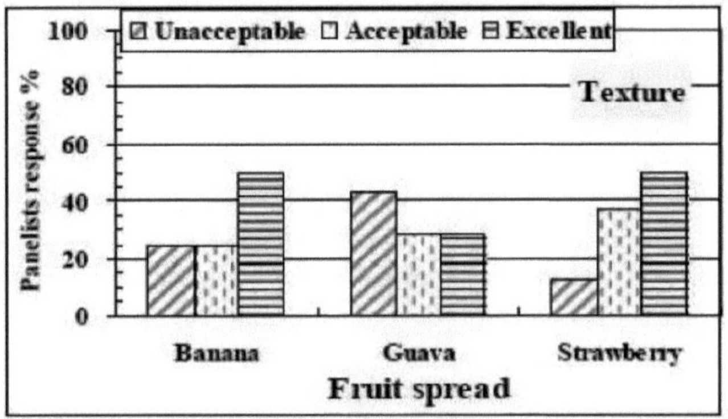
Unacceptable
Acceptable
Excellent
Texture
Panelists response %
100
80
60
40
20
0
Banana
Guava
Strawberry
Fruit spread

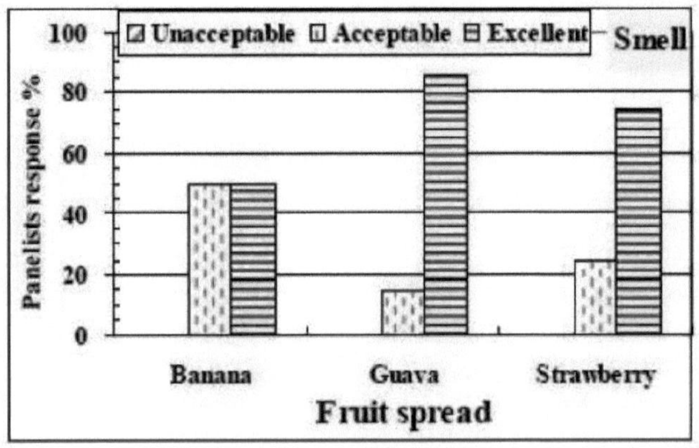
Unacceptable
Acceptable
Excellent
Smell
Panelists response %
100
80
60
40
20
0
Banana
Guava
Strawberry
Fruit spread

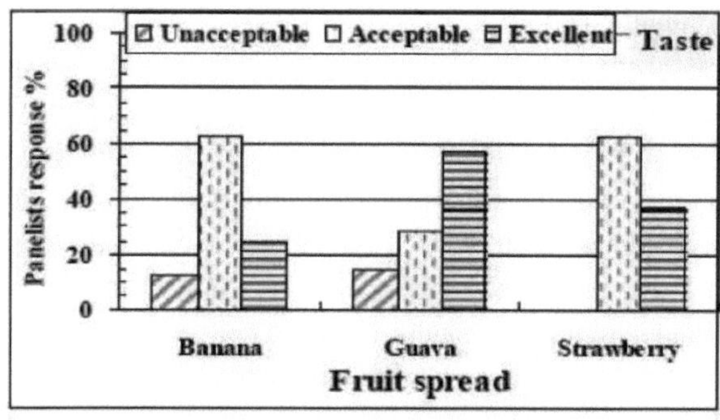


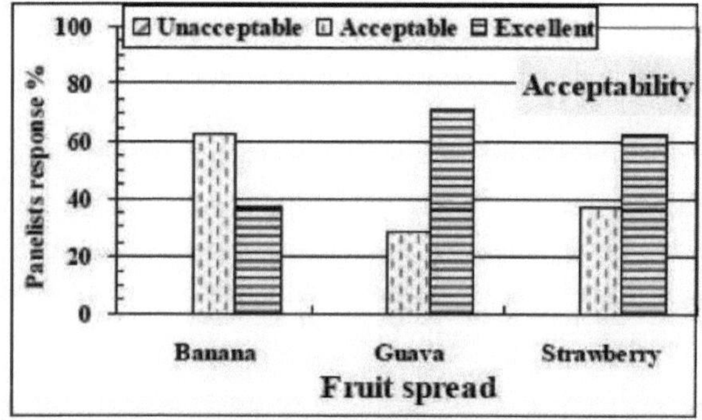


**Figura 3.5. Percentagem de resposta dos membros do painel aos atributos sensoriais das três pastas de fruta.**

## III. 3.6. Penetração térmica de xantana contendo banana, goiaba e morango para barrar

A Figura (5.6) mostra a temperatura do ponto frio (A) e a taxa de letalidade por minuto (B) das três pastas de fruta embaladas na bolsa flexível PA/PE durante o processo de aquecimento e arrefecimento. A temperatura do ponto frio no centro da embalagem de morango para barrar aumentou gradualmente até atingir 80°C (177°F) em 5,5 minutos. O conteúdo da embalagem foi arrefecido até 40°C (104°F) em 2,5 min. ou seja, 8 min de tempo total de processo. A letalidade cumulativa calculada deste tratamento térmico foi de 1357 (área sob a curva de letalidade), que pode ser considerada suficiente para inativar as enzimas endógenas da pasta de morango e esterilizar o conteúdo da embalagem.

A temperatura do ponto frio no centro da embalagem de goiabada aumentou gradualmente até atingir 80°C (177°F) em 6,5 min. O conteúdo da embalagem foi arrefecido até 40°C (104°F) em 4,7 min. ou seja, 11,2 min de tempo total de processo. A letalidade cumulativa calculada deste tratamento térmico foi de 1611,7 (área sob a curva de letalidade), que

pode ser considerado suficiente para inativar as enzimas endógenas da goiaba e esterilizar o conteúdo da bolsa.

A temperatura do ponto frio no centro da embalagem de banana para barrar aumentou gradualmente até atingir 80°C (177°F) em 6,5 min. O conteúdo da embalagem foi arrefecido até 40°C (104°F) em 3,7 minutos, ou seja, 10,2 minutos de tempo total de processamento. A letalidade cumulativa calculada deste tratamento térmico foi de 655,6 (área sob a curva de letalidade), que é muito inferior à das pastas de goiaba e morango. Quanto maior for a área sob a curva de letalidade, maior será o calor recebido pelo produto.

A diferença nas taxas de aquecimento e na letalidade cumulativa entre as pastas de fruta pode ser atribuída à diferença no tipo de fruta, ou seja, aos seus constituintes e à sua interação com o agente espessante, a goma xantana, que afectou a consistência da pasta (viscosidade) e o padrão de penetração do calor. Este facto é evidente nos resultados reológicos acima referidos. O comprador flexível, com o seu tamanho pequeno, parede fina e forma cilíndrica, não impede a penetração do calor e, por conseguinte, é necessário menos tempo de processo para conseguir a mesma pasteurização ou esterilização de produtos embalados, ou seja, preserva os nutrientes, a qualidade sensorial e poupa tempo e custos do processo de aquecimento [46, 54]

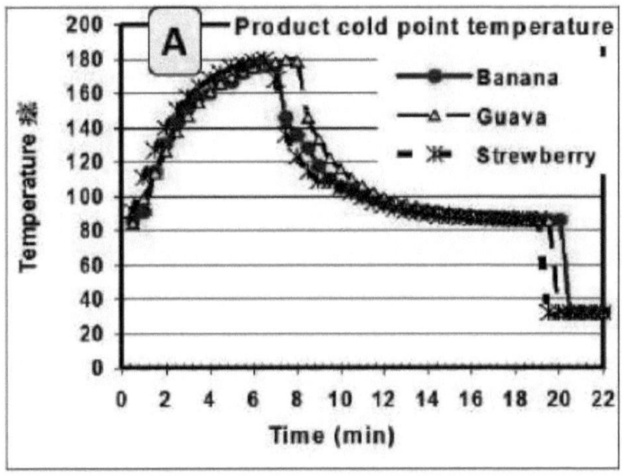

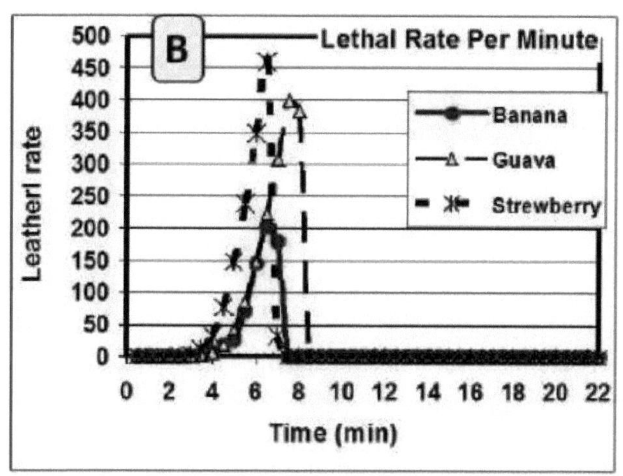


**Figura 6. A). Cura por penetração de calor das pastas de barrar de banana, goiaba e morango (1% de goma xantana) acondicionadas em embalagens flexíveis de PA/PE. B). Curvas de letalidade no ponto mais frio de banana, goiaba e morango para barrar (1% de goma xantana) acondicionados em embalagens flexíveis de PA/PE.**

**Tabela 3.2. Parâmetros e R2 de diferentes modelos reológicos ajustados aos dados de algumas pastas de barrar de fruta e puré de goiaba.**

| **Produto** | **Puré de goiaba** | | | **Espalhamento de Gtuva** | | | Pasta de **banana** | | | Creme **de morango** | | |
|---|---|---|---|---|---|---|---|---|---|---|---|---|
| GUIQ (Hi) | | nenhum | MNº | CMC | Guar | Xaothan | Xantana | | | **Xautkai** | | |
| Modek; parâmetros | | 40 *C | 60'C | 2? °C | 2? °C | 2? °C | 25 °C | 40 °C | "0 °C | **25 "C** | 40 °C | 60 °C |
| newtoniano | R- | 0.857 | 0.872 | 0.916 | 0.902 | 0.877 | 0.828 | 0.S08 | 0.759 | 0.693 | 0.891 | 0.902 |
| | P | 37.75 | 33.51 | 48.22 | 48.34 | 80.93 | 62.14 | 61.74 | 63.62 | 16.37 | ou seja, 46 | 17.00 |
| | R- | 0.735 | 0.895 | 0.964 | 0.987 | 0.944 | 0.648 | 0.810 | 0.164 | 0.953 | 0.946 | 0.960 |
| B ШЕЩШГ | P | 9.71 | 9.94 | 21.44 | 18.87 | 24.99 | 10.16 | 8.50 | -2.60 | 6.69 | 6.57 | 6.7 i |
| | Para | 6Ш3 | 557<br>.SO | 633.70 | 697.29 | 1323 ,S8 | 1230.06 | 1259.8<br>1 | 1566.9<br>7 | 276.59 | 261.43 | 243.39 |
| | P? | 0.S7S | 0.977 | 0.990 | 0.967 | 0.946 | 0.773 | 0.S39 | 0.108 | 0.984 | 0.994 | 0.983 |
| Lei da potência | n | 0.18 | 0.20 | 0.30 | 0.25 | 019 | 0.11 | o.os | -0.02 | 0.24 | 0.24 | 0.26 |
| | Xi | .513.12 | 429.3<br>3 | 442.36 | 529.59 | 1053.06 | 1058.73 | 1136.4<br>7 | 1595.3<br>5 | 206.69 | 208<br>,S6 | 178.24 |
| | P[1] | 0.S08 | 0.950 | 0.992 | 0.994 | 0.966 | 0.710 | 0.S57 | 0.140 | 0.984 | 0.9S2 | 0.987 |

| | | | | | | | | | | | | |
|---|---|---|---|---|---|---|---|---|---|---|---|---|
| Cassiou | KG | 1.41 | 1.50 | 2.72 | 2.30 | 2.35 | 1.11 | 0.90 | -0.24 | 1.35 | 1.33 | 1.41 |
| | 7 Tp | 23.19 | 21.00 | 20.74 | 22.77 | 32.51 | 33.07 | 33.93 | 39.95 | 14.39 | 14.53 | 13.28 |
| | P? | 0.Ë7B5 | 0.976 8 | 0.9976 | 0.9954 | 0.9675 | 0.7806 | 0.9161 | 0.1295 | 0.992 | 0.995 | 0.993 S |
| Heisuhek | Para | 159J | 64.5 | 369.3 | 583.2 | 1142.5 | 787.4 | 1184.1 | 1272.1 | 156.8 | 94.8 | 164.4 |
| Biilkiey | n | 0.229 | 0.219 5 | 0.531 | 0.6886 | 0.6697 | 0.2656 | 0.6146 | -0.1453 | 0.4308 | 0.3243 | 0.543 |
| | Kcff l | 362.77 | 369.3 3 | 147.03 | 64.48 | 94.63 | 300.71 | 39.98 | 350.71 | 72.54 | 124.S 8 | 43.62 |

R2 = coeficiente de regressão; ц = viscosidade aparente; To = tensão de cedência; K = coeficiente de consistência; n = índice de comportamento do fluxo.

## III. 4. Conclusão

As pastas de fruta, a 1% de concentração de goma, exibiram propriedades pseudoplásticas não newtonianas de diluição por cisalhamento. Os modelos de Herschelbulkley e de lei de potência ajustaram-se bem aos dados reológicos, seguidos pelo modelo de Casson. Estes resultados estão de acordo com os relatados por [37, 50, 56, 57].

O perfil de penetração de calor sugeriu a possibilidade de utilização de bolsas flexíveis para embalar fruta para barrar. A avaliação sensorial dos cremes para barrar de goiaba, banana e morango indicou produtos aceitáveis pelos provadores para a maioria dos atributos avaliados. O trabalho futuro deve ser direcionado para a produção à escala de uma fábrica piloto e para o estudo do prazo de validade do produto.

## Referência


1. Diversificarea si perioada de recoltare a soiurilor de zmeura, Articol. Disponível: https://madein.md/news/drumul-fructelor/diversitatea-si-perioada-de-recoltare-a- soiurilor-de-zmeura
2. Soiuri performante de zmeura si mure, Articol. Disponível: https://www.gazetadeagricultura.info/pomicultura/599-arbusti-fructiferi/20639-soiuri-performante-de-zmeura-si-mure.html
3. Zmeura. Disponível em: https://www.ghidnutritie.ro/articol/fructe/zmeura
4. Klopotek, Y., Otto, K., Bohn, V., Processing strawberries to different products alters contents of vitamin C, total phenolics, total anthocyanins, and antioxidant capacity, J. Agric Food Chem. Joule 13;53 (14) , 2005.
5. Sandulachi, E., Capsune si zmeura - surse majore de bioantioxidan^i, Agricultura Moldovei, nr.6, 2005 26-28 p.
6. Sandulachi, E., P. Tatarov, D. Croitor, N. Prutean, Estimarea modificarii proprietatilor fizico-chimice ale fructelor de padure la depozitare si procesare, Universitatea Tehnica a Moldovei, 173-178 p.
7. Sandulachi, E., Tatarov, P., Dependenta starii reducatoare a pomusoarelor congelate de continutul in acid ascorbic, antociane si polifenoli totali, Meridianul Ingineresc, nr. 4, 2006, p. 93 - 97.
8. Hotarare de guvern nr. 1523 din 29.12.2007 cu privire la aprobarea Reglementarii tehnice "Fructe si legume uscate (deshidratate)".
9. Becker, B., Frecker, B., Transpiration and respiration of Fruits and Vegetables, Proc. Lexington. IIR/IR -Comm. C2 com B2, D1 e D2-3, 6, 1996. 110-121 p.
10. Tatarov, P., Sandulachi, E., Chimia produselor alimentare, Ciclu de prelegeri, Vol. III, Chisinau, U.T.M., 2010, 155 p.
11. БАЛАН, Е., Био - энергетические основы холодильной технологии хранения фруктов и овощей, Одесса-Кишинев, 2004. 244 с.
12. Banu, C., Principiile conservarii produselor alimentare, Editura Agir, Bucure§ti, 2004, p.77-113.
13. Kader, A., Biochemical and phzsiological basis for efects of controllend and modifien atmospheres on fruits and vegetables, Food Techol, 40 (5) 99-100 and 102-104, 1986.
14. Jamba, A., Carabulea B., Tehnologia pastrarii si industrializarii produselor horticole, Chisinau, Editura Cartea Moldovei, 2004. 494 p.
15. Hotarare de guvern nr. 929 din 31.12.2009 cu privire la aprobarea Reglementarii tehnice "Cerin^e de calitate si comercializare pentru fructe si legume proaspete".
16. ГОСТ 33915-2016 МАЛИНА И ЕЖЕВИКА СВЕЖИЕ. Технические

условия
17. Hotarare de guvern nr. 221 din 16.03.2009 cu privire la aprobarea Regulilor privind criteriile microbiologice pentru produsele alimentare.
18. Hotarare de guvern nr. 216 din 27.02.2008 cu privire la aprobarea Reglementarii tehnice "Gemuri, jeleuri, dulceturi, piureuri si alte produse similare"
19. Hotarare de guvern nr. 204 din 11.03.2009 cu privire la aprobarea Reglementarii tehnice "Produse de cofetarie"
20. ГОСТ 32049-2013 АРОМАТИЗАТОРЫ ПИЩЕВЫЕ. Общие технические условия
21. КУЗНЕЦОВА, Л., СИДАНОВА, М., Технология и организация производства кондитерских изделий: Учебник, Москва, Академия, 2004. 480 с.
22. Marmelada. Disponível em: https://ru.scribd.com/document/169087582/marmelada
23. Tecnologia de Fabrico de Marmelada. Disponível: https://ru.scribd.com/document/130359628/Tehnologia-Fabricarii-Marmeladelor
24. МУРАТОВА, Е., СМОЛИХИНА, Н., Реология кондитерских масс: монография, Тамбов: Изд-во ФГБОУ ВПО ТГТУ, 2013. 188 с.
25. Hotarare de guvern nr. 774 din 03.07.2007 cu privire la aprobarea Reglementarii tehnice "Zahar. Producerea si comercializarea"
26. ГОСТ 33917-2016 ПАТОКА КРАХМАЛЬНАЯ. Общие технические условия
27. ГОСТ 16280-2002 АГАР ПИЩЕВОЙ. Технические условия
28. ГОСТ 908-2004 КИСЛОТА ЛИМОННАЯ МОНОГИДРАТ ПИЩЕВАЯ. Технические условия.
29. ГОСТ 32684-2014 Полуфабрикаты. ПЮРЕ ФРУКТОВЫЕ, КОНСЕРВИРОВАННЫЕ ХИМИЧЕСКИМИ КОНСЕРВАНТАМИ. Технические условия
30. Hotarare de guvern nr. 229 din 29.03.2013 pentru aprobarea Regulamentului sanitar privind aditivii alimentari
31. ГОСТ 32745-2014 Добавки пищевые. КРАСИТЕЛИ. Технические условия
32. Pavlovic, S., Tepic, A., Vujicic, B., Low-calorie marmelades, Artigo, APTEFF, 2003.
33. Simonovic, M., Ostojic, S., Micic D., Pejin, B., Geleias de baixo teor de açúcar de frutos silvestres: o impacto do regime de baixa vs. alta temperatura na sua composição química e antioxidatividade, Investigação de produtos naturais, 2019.

34. Zecher, D. e R. Van Coillie (1992). Derivados da celulose. In: "Thickening and Gelling Agents for Food" A. Imeson. (ed.) Ch. 3. Blackie Academic and Professional. Glasgow, Reino Unido. p. 40-65.
35. Rabie, S.M. (2000). Alguns estudos reológicos sobre néctares de cenoura, laranja, pêssego e ameixa. Egipto. J. Appl. Sci. 15(1): 196-213.
36. Rabie, S.M., A.M. Ali, e A.H. Ahmed (1999). Efeito de agentes estabilizadores de consistência nas propriedades reológicas e na qualidade do néctar de goiaba. Egipto. J. Appl. Sci., 14 (2): 306 - 317.
37. Alvarez, M. D., e Canet, W. (2013). Caracterização reológica independente do tempo e dependente do tempo de purés infantis à base de vegetais. *Journal of Food Engineering*, *114*(4), 449-464.
38. Griffin RC Jr. (1987). Embalagens plásticas retornáveis. In: Paine, F.A. [ed.]. Sistemas Modernos de Processamento, Embalagem e Distribuição de Alimentos. Westport, CT: AVI Publishing Co. p 1-19.
39. Lopez - Sanchez, P., Nijsse, J., Blonk, H. C., Bialek, L., Schumm, S., e Langton, M. (2011). Efeito dos tratamentos mecânicos e térmicos na microestrutura e nas propriedades reológicas das dispersões de cenoura, brócolos e tomate. Journal of the Science of Food and Agriculture, 91(2), 207-217.
40. Morales-Blancas, E. F., Chandia, V. E., e Cisneros- Zevallos, L. (2002). Cinética de inativação térmica da peroxidase e lipoxigenase dos brócolos, espargos verdes e cenouras. Journal of Food Science, 67(1), 146-154.
41. Kampis A, Bartucz-Kovacs O, Hoschke A, Vamos-Vigyazo L. (1984). Alterações na atividade da peroxidase dos brócolos durante a transformação e o armazenamento congelado. Lebensm- Wiss u-Technol 17(5):293-295.
42. Guerrero, S. N., e Alzamora, S. M. (1997). Efeito do pH, da temperatura e da adição de glucose no comportamento do fluxo de purés de fruta I. Puré de banana. Journal of Food Engineering, 33(3), 239-256.
43. Coronel, P., Truong, V. D., Simunovic, J., Sandeep, K. P., e Cartwright, G. D. (2005). Processamento assético de purés de batata-doce utilizando um sistema de micro-ondas de fluxo contínuo. Journal of food science, 70(9), E531-E536.
44. Smith DA, Mccaskey TA, Harris H, Rymal KS. 1982. Melhoria dos purés de batata-doce enchidos assepticamente. J Food Sci 46:1130-42.
45. Fasina OO, Farkas BE, Fleming HP. 2003. Propriedades térmicas e dieléctricas do puré de batata-doce. Int J Food Prop 6:461-72.
46. Lopez A. 1987. Um curso completo de conservas e processos afins. Livro III. Procedimento de processamento de produtos enlatados. Baltimore, Md. The Canning Trade. p. 96.

47. Sharoba, A. M., El-Desouky, A. I. e Mahmoud, M.H. (2012). Efeito da adição de alguns hidrocolóides e adoçantes no comportamento do fluxo e nas propriedades sensoriais das misturas de néctar de papaia e damasco. J. Food Process Technol., 3: 170.
48. Maceiras, R., Alvarez, E., e Cancela, M. A. (2007). Propriedades reológicas de purés de fruta: Efeito da cozedura. *Jornal de Engenharia Alimentar*, *80*(3), 763-769.
49. Ditchfield, C., Tadini, C. C., Singh, R., e Toledo, R. T. (2004). Propriedades reológicas do puré de banana a altas temperaturas. International Journal of Food Properties, 7(3), 571-584.
50. Ahmed, J. (2007). Propriedades reológicas, térmicas e dieléctricas de alimentos para bebés em puré. Stewart Postharvest Review. 5(2): 1-12.
51. Anon (1993). Mais soluções para problemas difíceis. Um guia para obter mais do seu viscosímetro Brookfield. Brookfield Engineering Laboratories, Inc., MA. EUA.
52. Harper, J.C. e A.F. El Sahrigi (1965). Comportamento viscométrico de concentrados de tomate. J. Appld. Sci. 30: 470.
53. Snedecor, G. W. e W. G. Cochran (2013). Statistical methods. 7th, Ed. The Iowa State Univ., Press Ames, Iowa, USA, p. 50.
54. Morales-Blancas, E. F., Chandia, V. E., e Cisneros- Zevallos, L. (2002). Cinética de inativação térmica da peroxidase e lipoxigenase dos brócolos, espargos verdes e cenouras. Journal of Food Science, 67(1), 146-154.
55. Guerrero, S. N., e Alzamora, S. M. (1997). Efeito do pH, da temperatura e da adição de glucose no comportamento do fluxo de purés de fruta I. Puré de banana. Journal of Food Engineering, 33(3), 239-256.
56. Ditchfield, C., Tadini, C. C., Singh, R., e Toledo, R. T. (2004). Propriedades reológicas do puré de banana a altas temperaturas. International Journal of Food Properties, 7(3), 571-584.

Printed by Books on Demand GmbH, Norderstedt / Germany